启真馆 出品

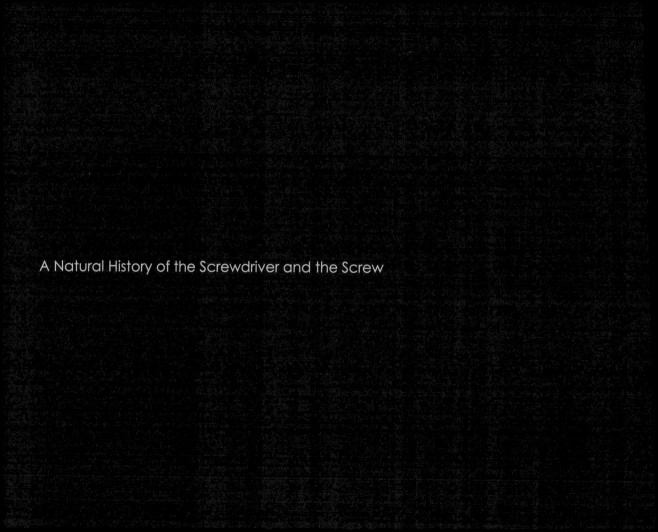
A Natural History of the Screwdriver and the Screw

ONE

GOOD

TURN

转动世界的
小发明

螺丝起子与螺丝演化的故事

［美］维托尔德·雷布琴斯基 著 吴光亚 译

WITOLD RYBCZYNSKI

ZHEJIANG UNIVERSITY PRESS
浙江大学出版社
·杭州·

图书在版编目（CIP）数据

转动世界的小发明：螺丝起子与螺丝演化的故事 /
(美) 维托尔德·雷布琴斯基著；吴光亚译. -- 杭州：
浙江大学出版社, 2022.9
书名原文: One Good Turn: A Natural History of
the Screwdriver and the Screw
ISBN 978-7-308-22772-8

Ⅰ. ①转… Ⅱ. ①维… ②吴… Ⅲ. ①科学技术 - 技
术史 - 世界 - 通俗读物 Ⅳ. ①N091-49

中国版本图书馆CIP数据核字(2022)第110128号

浙江省版权局著作权合同登记图字：11-2022-134

转动世界的小发明：螺丝起子与螺丝演化的故事
[美] 维托尔德·雷布琴斯基 著　吴光亚 译

责任编辑	周红聪	开　　本	889mm×1194mm　1/32	
文字编辑	黄国弌	印　　张	5.5	
责任校对	董齐琪	字　　数	113千	
书籍设计	周伟伟　张云浩	版 印 次	2022年9月第1版　2022年9月第1次印刷	
出版发行	浙江大学出版社	书　　号	ISBN 978-7-308-22772-8	
	（杭州天目山路148号　邮政编码310007）	定　　价	75.00元	
	（网址：http:// www.zjupress.com）			
排　　版	北京楠竹文化发展有限公司			
印　　刷	苏州市越洋印刷有限公司			

版权所有　翻印必究　印装差错　负责调换
浙江大学出版社市场运营中心联系方式：(0571) 88925591
http://zjdxcbs.tmall.com

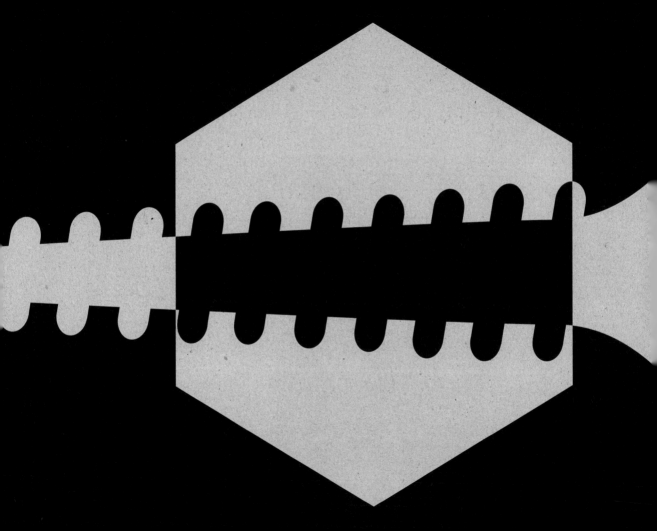

谨以此书献给

雪莉

尤利卡！

（Heurēka! 我找到了！）

——阿基米德

目　录

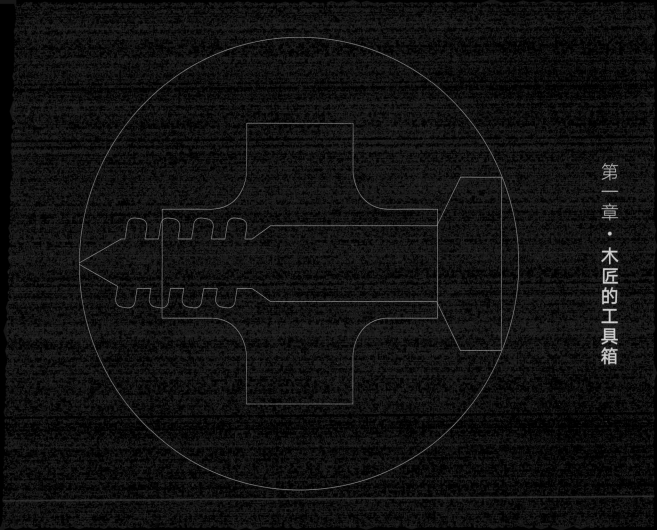

第一章 · 木匠的工具箱

✪　　整件事的缘起，要从《纽约时报》编辑希普利的一通电话说起。他问我是否愿意为周日版《时报杂志》的千禧年专刊写篇文章。千禧年接近尾声，正是许多杂志编辑心心念念的话题，而我也收到不少类似的邀稿。希普利向我解释该专刊的主题是"千年之最"，听起来挺有意思。"你要我写些什么？"我问。

✪　　他的回答是："我们希望您能写一篇关于'最佳工具'的文章。"

✪　　我有点儿失望。"最佳工具"这个题目，根本就不如"最佳建筑"或"最佳都市"来得有分量，而且建筑与城市才是真正能让我发挥得淋漓尽致的题材。不过转念一想，之前一本传记书已经让我忙了好久，我正需要喘口气，休息一下，写写千年来最佳工具，说不定会是件好玩的差事。

✪　　希普利还在讲电话的同时，我已在脑海中为这篇文章构思。选择之多，不胜枚举：回形针、钢笔、眼镜。我最近才在宾夕法尼亚艺术学院看到一幅富兰克林戴着圆框眼镜的肖像，这也提醒我们，富兰克林是双焦眼镜的发明人。然而，眼镜的发明远早于18世纪。1306年，圣多米尼克教派的托钵僧在佛罗伦萨布道时，首次提及了眼镜。当时他说眼镜是20年前发明的，他还与发明者交谈过，但他并未告诉我们此人的姓名。[1] 中世纪的眼镜仅可供远视者使用，且有助于阅读与书写。这是新式光学的首度实际应用，为将来影响深远的发明如望远镜和显微镜等，预先铺好了路。身为文学、天文学和生物学的关键影响者，眼镜自然具备"千年来最佳工具"的条件。这真是再轻松不过了！

◉　可是，当我将想法告知希普利时，才发现他心中早已另有打算。他所谓的"工具"，完全是字面上的意思——一把手锯或一柄铁锤，所以，眼镜就遭淘汰出局了。他一定听得出我声音里的失望，因而指出我曾经就"自己盖房子"的经验写成了一本书。那是个很好的开始，他好心地提出建议。"好吧，"我说，"我会再考虑一下。"

—

◉　事实上，我所谓"自己盖房子"，是真的自己动手。内人和我，靠着朋友偶尔的支援，自个儿搅拌水泥，锯木材，涂灰泥和铺设水管；除了电气线路工程之外，我们一切自己来。打从童年时期有了对付顽固的电动火车玩具套装的经历之后，我就一直对电有心理障碍。尽管有父亲的耐心解说（他是个电机工程师），加上大学时期的物理课，我却从来无法理解电压、电流和电阻之间的关系。事实上，电是我们盖房子计划中的一大问题——我们没有电源。我们在距离马路两百多米的乡下地块大兴土木，虽然有引进电力的打算，起初却无法负担引进一条临时电源线的成本。租一台汽油发电机也很贵，而且还很吵，我决定用手工的方式建造房屋的骨架和外部，并预计一旦完成需时一两年的基本架构后，我们就牵进一条电源线，再雇用专业人员来装设电气线路工程。

◉　在我的木工工具里，有没有一个称得上是"千年之最"呢？我将动力工具剔除出考虑范围。在最后修整以及做橱柜时，我用了一把手提式圆锯、一把电钻，还有一台用于精加

转动世界的
小发明
004

工和细木工的砂光机，但这些工具主要是帮助我省些力气。倒不是说生产效率不重要，《住家动手盖》的作者克恩估计，将一座小型房屋骨架所需的宽 10 厘米厚 5 厘米的木材全部锯好，若用一把手锯，要花掉整整 7 天的时间，用电锯只要 30 分钟就可以搞定。[2] 我当然知道动力工具能轻松地把木材锯好，但尽管它比较迅速，获得的结果却和我用手锯没什么不同；无论如何，我喜欢用我的双手工作。自己建造东西（不管是房子还是书架）的回报之一，便是在使用工具时得到的乐趣。手工工具是人体的真正延伸，因为它们的演化历经了数世纪的反复尝试；动力工具自是较为方便，但它们所欠缺的，正是那份精细的感觉。诚然，如果我把一辈子的时间都花在钉钉子上，可能对钉枪的好处就会有不同的看法，但我觉得，提高木匠的生产力和创造全新的发明（如眼镜），两者的重要性相去岂可以道里计。

✪　剩下来的，就是我那一箱手工工具了。搭盖一座小型房屋所需的工具，约可分为四大类：测量、切削与修刨、锤打、钻孔。我的测量工具包括一只矩尺、一把斜角规、一个粉线盒、一个铅锤、一只酒精水平仪，还有一副卷尺。我读了一些资料后发现，这些工具几乎全都诞生于 1000 年之前，大多数甚至早于公元后的第一个千禧年。当时被称作"门叟"（mensor aedificorum）的古罗马建筑者，对矩尺、铅锤及粉线盒的使用均很娴熟，而这三项工具均发明于古埃及时代。[3] 当时称为里贝拉（libella）的水平仪，也是古埃及的发明，为一状似英文字母 A 的木架，外加一只铅锤自顶点悬挂。要测量水平时，就将铅垂线与横木中心上的记号对齐。这也许不及我的酒精水平仪轻巧，可用度却相当明显，因为 A 字水平仪一直沿用至 19 世纪中叶。酒精水平仪则是在密封管内盛有酒精，让一个小气泡浮动其中，这项发明始于 17 世纪中叶，一开始纯粹作为勘测之用，直到两年后才进了木匠的工具箱。至于测量长度，古罗马的门叟使用 "瑞古拉"（regula），这是一根画有足长（英尺）、掌宽、十二分之一（unciae，英寸即源于此）、指宽等各种刻度的木棍。我也有一把码尺，但我主要是靠一副钢制伸缩卷尺来做测量工作。至少这一点，就足以让我的古罗马同业钦羡不已，他们当时唯一的小型测量工具只不过是一把 1 英尺（30.48 厘米）长的青铜折叠尺。中世纪时，一般人使用橡木制的码尺，而以象牙、黄铜或黄杨木制成的折叠尺则于 18 世纪再度问世。我找不到卷尺的出处，但我猜想它应该是 19 世纪末叶的发明，在工作时，要是少了我那把 25 英尺（762 厘米）的伸缩卷尺，我就不知该如何是好，但对我而言，它似乎还称不上是千年来的最佳工具。

✪　我有好几把锯子。手锯也是个相当古老的工具，考古学家已经在埃及发现一些有金属锯齿的锯子，历史可追溯到公元前 1500 年。这些锯子的锯片很宽，有的长达 50 厘米，有着木质把手以及不规则的锯齿。锯片是用铜这种质地柔软的金属做的。为防止锯片变形，埃及人的锯子是用拉的而不是用推的。拉的效率及不上推，因为木匠不能在切割的同时向下使力，所以在那时候，锯木头一定是个漫长而费力的过程。[*]罗马人做了两个重

_____

[*] 传统的日本锯子也是用拉的，而不是用推的。其锯片薄如纸张，主要用于精细的橱柜木工。

大的改善：他们用铁来制造锯片，所以质地较硬；使锯齿左右交替凸出，好让锯口略比锯片宽，锯身的活动更为流畅。

◆　罗马人也发明了硬化背锯，加强锯片背部的刚性，此举可避免一次锯到底的弊端。但这件工具适用于橱柜木工，尤其是和斜口锯箱合用时。罗马人对切割工具最天才的贡献是框锯的发明。一片花费不多的狭窄锯片被放在木框中，借着一条绳索来保持紧绷的状态。由于木框锯非常好用，所以一直到 19 世纪仍是最常见的锯子（框锯的原理仍存于现代弓锯中）。17 世纪中叶，一种新型的锯子在荷兰及英国问世，它有宽阔而无支撑的锯片，以及木制、类似手枪柄的把手。坚硬的锯片起初是以辊钢片制成，比框锯的切割还要精确，而且没有木框妨碍深度切割的问题。这个有效的工具成为了基本的现代手锯。我最常用的是一把 26 英寸（66 厘米）长、锯背隆起的迪斯顿横割手锯，最早于 1874 年由费城制锯匠迪斯顿（Disston）所推出。这种开放式的手锯绝对够资格角逐最佳工具奖，但是，尽管它优雅地解决了一个古老的问题，我想希普利想要的还是一些更关键的工具。

◆　木工主要的修刨工具非刨子莫属。盒刨只不过是个装着凿子刀片的容器，却标志着手工工具演进史上的一个重要时刻。扁斧或凿子的使用必须仰赖工匠纯熟的技巧，刨子就不同了，它的效率是天生的；换句话说，木匠不需要控制刀片，他只负责提供动力。一位历史学家曾经称刨子为"木工工具史中，最重要的进展"[4]。听起来刨子的确有资格角逐千年来最佳工具，无独有偶，我发现刨子也是古罗马人的发明。

✚　凿子的起源更加古老。青铜时代的木匠在盖房子和建造家具时，不论是刀与柄一体成型的凿子，还是具有套节式木制手柄的凿子，都已加以运用。最早出现的木槌，形状类似保龄球瓶，使用时逆着木纹敲击，因此寿命短暂。到后来，在槌头上另外配有一只手柄，较硬的木纹末端面则作为槌头的敲击面，如此可使用比较久。沉重而具长柄的木槌，叫作大槌，18 世纪的木匠使用一种巨型的大槌（名为司令官，the Commander），将木造房屋和谷仓的接合处敲合在一起。司令官的槌头直径有 15 厘米，长度有 30 厘米。我虽然没有那么大的家伙，却也用过大钢锤将顽固的托梁和间柱慢慢地敲进定位。

✚　在我所有的铁锤中，最不寻常的一把来自墨西哥市的一个五金市场。这把中国制的铁锤，是个"组合开箱器"，说穿了就是个条板箱的开箱器。盖屋顶板专用的铁锤将铁锤和小斧融于一体；同样地，这个开箱器也有多种用途：铁锤、起钉钳、小斧，还有撬棍。我的开箱器买回来才没多久，一个钳角就在我拔钉子时断裂了。不过我仍然留着这把铁锤，我对大部分的东西都不会感情用事，但我从来没有丢弃过一件工具。

✚　我一直以为组合工具是现代人的专利，有一回，我送给父亲一把内附手电筒的螺丝起子作为圣诞礼物，现在想来仍然令人脸红。事实上，组合工具在很久以前就已经存在了。最古老的两件木工工具，一是斧头，用来伐木，另外一个则是将斧片扭转 90°而成的扁斧，供修整木料之用。克里特岛的米诺斯人已使用斧头和扁斧的组合，他们也是双头斧的发明人。古罗马的木匠经常使用斧头和扁斧的组合工具。发明锻铁钉的古罗马人还有另外一个一物两用的工具：拔钉锤。拔钉子时会在手柄上施加相当大的压力，甚至有将手柄拔出套节（或称柄眼）的危险。英国中世纪的拔钉锤，有时还附加两条金属带，用来强化手柄的连接。现代拔钉锤的造型则是一位美国人的智慧结晶。1840 年，一位康涅狄格州的铁匠由扁斧得到灵感，在锤头底部加上一段锥形颈，一路延伸至锤柄，结果便是一般通称的扁斧眼锤，其形态一直沿袭至今。

✪　古埃及的木工用的是木栓而非铁钉。他们用弓钻来为木栓钻孔。这种可能是由钻木取火的木棒改造成的弓钻，钻身由一条绳索围绕，该绳索则由一把弓紧紧固定。将钻子垂直握住之后，木匠前后移动着弓，就像个大提琴演奏者一般，趁着交互转圈之际往下施压。由于木匠只用单手向下施力，绳索又很容易滑落，所以弓钻并不适用于繁重的钻孔工作（就精细钻孔而言，弓钻的使用一直持续至 19 世纪）。况且，由于每钻一刀之后，接着便是一个空转，用弓钻实在很浪费精力。同样地，古罗马人对此又找到了解决的办法：木螺钻。木螺钻有个短的十字手柄，连接至一个末端为匙状钻锥的钢轴。当木匠以双手握住手柄时，能同时大幅施用旋转力和下压力。木螺钻有一个特殊变体——中世纪时为了在船身的木材上钻深孔而发展出来的胸压木螺钻，其上端附有一片宽的衬垫，让木匠能将自己的整个体重都压在上头。

✪　木螺钻是个伟大的进步，但它有一个缺点：在旋转的间隙，钻锥容易卡死在木头里。

钻孔工具的伟大突破在中世纪随着曲柄木钻的发明而诞生。曲柄木钻和木螺钻一样，有匙状的钻锥，但手柄的特殊形状，使得人类有史以来头一回能够借助持续不断的旋转而钻孔。曲柄木钻顶端的一只圆垫，让木匠能够在平滑地前后转动手柄之际，向下对钻锥施力。

✚　关于曲柄木钻最早的描绘之一，出现在佛兰芒画家康平于 1425 年左右所绘的圣坛三联图之右联，目前陈列于纽约大都会美术馆。该图的主题是圣约瑟在他的工场里制造一只捕鼠器（这是一幅讽喻画），而他的四周都是工具：铁锤和钉子、一把凿子、手钳、一柄直锯以及一只木螺钻。一块木头在他的椅子扶手上摇摇欲坠地站立着，而他手上拿着一把曲柄木钻，试着在木块上钻个洞。

✚　圣约瑟手中工具的惊人之处，在于它和我见过的美国工具收藏品中的 18 世纪曲柄木钻一模一样，和我自己工具箱中的曲柄钻（虽然我的是钢制的），基本上也没有什么不同。有些工具如铁锤和锯子，数世纪来演变极为缓慢；其他工具，像是刨子，却似乎一出生就发展完备了，曲柄钻好像就属于这一类。曲柄钻的长相和木螺钻或弓钻完全不同，它没有祖先，因为它结合了一项全新的科学技术：曲柄。曲柄是个特别的机械设计。它将交互运动（木匠手臂的前后移动）改变成旋转运动（钻锥的旋转）。历史学家怀特赋予曲柄的发现"重要性仅次于轮子"的历史意义。[5] 曲柄不仅使曲柄木钻成为可能，其他如手摇式研磨机与磨床，以及许多以水力或风力为动力的机器，如捣矿机和泵，甚至蒸汽

中世纪工匠和他的工具，其中包括一把曲柄木钻。

《背负十字架》之细部，为德国画家弗兰克于 1424 年所绘，是圣坛背壁饰物的一部分。

机，其诞生都是拜曲柄之赐。

✪　我们找不到实质的或文字的证据可以证明曲柄在远古时代就已存在，就我们所知，这是一项欧洲中世纪的发明。[6] 关于曲柄最早的描绘，出现于 14 世纪的一篇学术论文，文中展示了一艘船的设计图，该船的手摇式曲柄传动，与避暑湖泊及市区公园内常见的娱乐用脚踏船颇有异曲同工之妙。[7] 一本于 1405 年出版，关于军事机械的巴伐利亚图书中有一幅以手摇曲柄驱动的磨粉机素描。[8] 大约与此同时，学者已会利用手摇讲桌（与现代牙医的可调式座椅相仿），将书本高度调整至便于阅读的范围，[9] 所以在 1400 年左右，曲柄已经相当普及。不管是曲柄木钻问世在先，还是先受到这些器具启发才有曲柄木钻的面世，毋庸置疑的一点是，这件简单的工具首度广泛地实际应用了曲柄。附带一提，曲柄钻英文名称 brace 的由来已不可考。这种工具最初叫作刺孔锥（piercer），因为一般人用它来钻小洞，然后再用木螺钻把洞扩大。有一位历史学家推测，brace 所指的，可能是有时为了巩固曲柄形状而加装的金属拉条。[10]

✪　曲柄木钻是件好工具，也绝对隶属于我们的千禧年。然而，曲柄钻，嗯，很无聊。虽然曲柄的重要性不容置疑，但曲柄木钻本身却从未真正有过更进一步的发展。唯一一项非木工的应用发生于 16 世纪，即手术中所用的曲柄钻——正式名称为环钻——用来在头盖骨上开圆洞。除此之外，曲柄钻的历史似乎相当平凡无奇，它只不过是为钻孔提供了一个更好的方式罢了。

✪　我花了一个星期思考和阅读，却没有太大的进展，既然没脸向希普利承认我想不出一个题目，那么我可能真得写一篇关于单调乏味的曲柄木钻的文章了。这不再是一桩轻松的任务，原本看似好玩的工作反而变成了苦差事。垂头丧气之余，我向妻子雪莉提及我的尴尬处境，她想了一会儿之后告诉我：“我在家里，一直都有一把螺丝起子。”我怀疑地看着她。“没错，螺丝起子。”她说，“不论我住在哪里，我总是在厨房抽屉里放一把螺丝起子。最好是有好几个起子头可供互换的那种，不管那些小零件叫什么名字。”她加上一句结论：“你总是会需要螺丝起子来帮你做件什么活儿。”

✪　我居然忘了螺丝起子！我回去重翻那本标准手工具参考书，古德曼的《木工工具史》，1964 年出版。古德曼在英国一所男校教了 30 年的木工，同时也有搜集工具的嗜好。在我的印象中，他是那种不仅对撒克逊扁斧的出处有着丰富知识，而且还能够当场示范其适当用法的人才。

✪　我在古德曼书中的索引查阅“螺丝起子”一词，却什么都找不到。这可奇了，我把整本书翻过一遍，找到了一整章关于木工台的资料，也有关于溶胶罐出处的探讨，但全书关于螺丝起子的叙述，却似乎暂付阙如。一个章节标题引起了我的注意：“各时期的木工工具箱”。[11] 其中列举各种木工工具发明的时间，并证实了我已经知道的一点：大多数的手工具，均起源于古罗马时期。中世纪添加了曲柄木钻，文艺复兴时期的贡献则是一些有特殊用途的刨子。接下来，“1600 至 1800 年”，有了辐刨刀——一种用来制作车轮辐条和椅背上的纺锤形立柱（chair spindle）的刮刀。最后，在"1800 至 1962 年"，我终于找到了螺丝起子，它是最后加入木工工具箱的工具之一。

✪　一般而言，1949 年版的《大英百科全书》资料相当齐全，但关于"螺丝起子"，却只有一个简单的定义而毫无历史渊源的叙述；在"工具"条目，甚至没有提到螺丝起子。我查阅互联网上的大英百科，其结果反而较有帮助："有手柄的螺丝起子，于 1800 年之后开始出现在木工台上，自此便成为工具箱中不可或缺的一分子。"[12] 这至少证明它不是古罗马人的另一项发明。我还不确定螺丝起子的发明是否真的比曲柄木钻还要惊天动地，况且这件工具简单得令人发噱。不过，螺丝起子出现时间之晚，仍让我百思不得其解。这绝对有深入研究的价值。

第二章 · 螺丝旋转具

◎　为了寻求螺丝起子的来源，我先着手查阅《牛津英语词典》。根据词典中的引证，螺丝起子的英文名称 screwdriver，头一次出现于 1812 年《机械练习》一书中。在我任职的大学图书馆中有一本原版书。这是一本为工匠新手所写的自助手册，作者为来自苏格兰格拉斯哥的尼科尔森。在书背后的定义表中，我发现这句话："螺丝起子：用来将螺丝旋入位置的工具。"[1] 真是言简意赅。不幸的是，作者并没有附图说明，而且书中其余部分也完全没有提到螺丝起子；他若不是认为这件工具并不常用，就是将之视为理所当然。

◎　在一开始的简介中，尼科尔森向莫克森致敬。就工匠的工具和方法，以英文做出有系统的叙述，莫克森是第一位，比尼科尔森的书早了一百多年。莫克森是英国日记体作家佩皮斯的朋友，以印刷为业。他在伦敦沃威克巷的店铺以"地图符号"为店名，不只卖书，也同时出售地图、航海图、地球仪及数学仪器。1678 年，为了扩展业务，莫克森开始为木匠、泥水匠和细木工匠出版一系列有关工作技巧的小册子，这些手册每月发行一次，以 6 便士的价格出售。到了 1693 年，他将整个系列汇编成书，这本 238 页 8 开本（26.0 厘米 ×37.5 厘米）的书，包括 18 页铜版版画，定名为《机工练习》。

◎　莫克森的书有个贴切的副题：手工教条。作者于前言提出这样的忠告："我可以很放心地告诉你，一个人若要尽力做好这些工作，一定得遵守这些规矩。而借由完全遵循这些规矩，依着各人灵巧和勤奋的差别，迟早能抓到工作的要领，做出名副其实的手工。"[2] 莫克森一开始先讨论锻工："其所囊括的不仅是铁匠一业，而是所有使用锻炉或锉刀的行业——粗至制锚工，细至钟表匠。尽管精准度不等，但工作的规矩都一样，而且所使用的工具也完全相同。"莫克森描述螺旋销和螺旋板，一种粗糙的螺丝攻*与螺纹模组合，用来制造螺帽和螺栓，以便将带条铰链附于木造门上。这些螺栓有正方形的螺栓头，需用扳手锁紧。莫克森不论是在此处或是在全书其他部分，都不曾提及螺丝起子，可能就是这个缘故。

◉　我继续往下找，碰到了一些假线索。作者提到一则古希腊的墓志铭，上面描写着木匠的工具，其中不只包括了一具刨子和一只铁锤，还有"四把螺丝起子"。[3] 由于该墓志铭的作者生活于公元前 3 世纪，这可能表示螺丝起子是很古老的产物。我向大学里的一位古典学者请教，他指出，翻译成"螺丝起子"的词，在希腊原文中其实指的是"钻孔的工具"，与文中同一行里所说的"合钉"相呼应，所以，这些应不是螺丝起子，而是弓钻。

◉　书中"木工工具史"附录里的一句话，把我带到《大英百科全书》第三版的"航行"一栏。在一帧六分仪及其附件（包括可互换的镜片、放大镜、一把调整中央镜的锁匙等）的插图中，有一支标示清楚的木柄螺丝起子。[4]《大英百科全书》第三版发行于 1797 年，

---

* 用来钻出螺纹孔的钻头。

比尼科尔森的《机械练习》早了 15 年。我在《韦氏大词典》第十版中，找到了更早的记载，该引文提及一则弗吉尼亚州约克县的遗嘱："一打起模环，螺丝起子以及手锥。"[5]这回没有插图为凭，但日期是 1779 年 4 月 28 日，比尼科尔森早了 30 年。所以啊，老牛津并不是绝无谬误的。

◉　萨拉曼于 1975 年出版的《工具词典》，可能是该领域中最完善的现代作品。这本由英国人编辑的工具书，收录了数种具特殊用途的螺丝起子：一把细长的电工螺丝起子；一只迷你的珠宝匠用螺丝起子；一只肥短的制枪用螺丝起子；还有一把短而重的殡葬业者用螺丝起子，供钉死棺材板之用。萨拉曼将螺丝起子出现的时间定得略早于《大英百科全书》："木螺丝直到 18 世纪中叶方得以广受木匠使用，因此螺丝起子也直到彼时才被广泛采用。"[6]如果在 1750 年之前已经有人使用螺丝的话，我应该就能找到 1779 年之前关于螺丝起子的记载。

◉　另外有件事吸引了我的注意，萨拉曼写道："虽然现今约定俗成的名称是螺丝起子（screwdriver），但由业界目录和其他文献看来，至少在英格兰中部和北部地区，当时通用的名称是螺丝旋转具（turnscrew）。"[7]这对我而言，还真是条新闻。在我的任何一本词典里都找不到这个词，可是萨拉曼的语气丝毫不含糊。这倒提出了一个有趣的问题，如果这个词真的存在，应该是法文 tournevis（螺丝起子）的字面翻译，所以，也许螺丝起子是在法国发明的？

◎　在一本 1772 年巴黎出版的美工百科全书中，我发现了一则由资深家具师傅鲁博留下的记载，他详细地描述了"待售的成品"螺丝如何埋入镶嵌在家具上的铜片或装饰板条中。他写道："螺丝头借由螺丝起子加以转动。"[8] 随文附上的版画中所显示的 tournevis，并非我们所熟知的手工工具，而是曲柄木钻的一枚平头钻锥。曲柄钻其实是个绝佳的螺丝起子，因为手柄上的曲柄大幅地增加了扭矩，而其连续不断的转动，可防止螺丝"卡死"在木料中。所以，第一支问世的螺丝起子，很可能只不过是一枚改装的钻锥。说不定，我的文章该以曲柄钻还有螺丝起子为题？

◎　要查询法国科技，最明显的着手处当属狄德罗和达朗伯的伟大著作《百科全书》。我所任教的大学，又一次不负使命地提供了全套 17 册图书，外加 11 册插画以及 7 册补充资料。图书馆员打开罕见图书收藏室内玻璃柜的锁后，我将这套沉重的书捧到一张阅览桌上。我小心翼翼地翻开这本老书，纸张的手感颇粗糙。《百科全书》的作者在"Tourne-vis"一词之下，提供了至少三则说明。首先是一段概括的描述，结语为"螺丝起子是件非常有用的工具"[9]。然后简略提及火枪兵的螺丝起子，供士兵调整火枪之用。最后是一长段介绍橱柜木工螺丝起子的文字，其描述不脱离作者一贯的风格，相当地透彻完善：起子刃部的钢铁必须经过回火以增加强度；刃尖必须锐利才不会自螺丝头上的槽沟滑脱；需用一只金属环来巩固木质手柄的基座；而手柄本身必须稍呈扁平，使用者在上紧螺丝时才能握牢起子。这段文字的结尾附上了一个图示的参考编号。我兴奋地找到正确的画册，翻到专为橱柜木工和镶嵌细工工具而辟的一章。就在那一页最下方的版画显示了一只刃部短小的工具，配上扁平、椭圆的木柄，就和文字叙述的一模一样。这套书出版于 1765 年，比那份源自弗吉尼亚州的遗嘱早了 14 年，这意味着它是我目前找到的关于螺丝起子的最早证据。我不确定我原本抱着什么样的期望，但书中的工具和现代任何一支普通的螺丝起子，模样都差不多，这让我有些失望。难道这真是世上的第一把螺丝起子吗？

———

◉　在《百科全书》的螺丝起子版画旁边是另一件古怪工具的图示。这个工具看起来像是个附在圆环上的螺丝，其名称是吊环螺钉（tire-fond），据作者的解释，是供镶嵌细工和橱柜木工将木块拉入定位的工具。在同一页里，还有关于拔软木塞器（tire-bouchon的字面翻译）的叙述："一种附于环上，铁或钢制的螺丝。"在过去长达数世纪的时间，酒瓶是以木头做成的塞子密封的。17 世纪中叶，人们发现，主要生长于西班牙和葡萄牙的软橡木，其外层具弹性的树皮做成的瓶塞效果更佳。然而，这种新型紧密的软木塞非常不容易拔出来。有人（可能是位口渴的橱柜师傅）发现，吊环螺钉是个相当方便的拔塞钻（corkscrew）。我有一本老旧的《法语综合词典》，上面记载 tire-bouchon 一词首次使用于 1718 年，比 corkscrew 出现于英语的时间早了两年。有那么一瞬间，只是为了

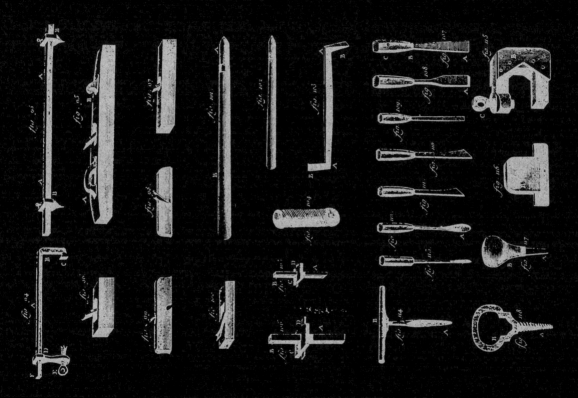

狄德罗和达朗伯的《百科全书》中的 "Tourne-vis"。1765 年。

好玩，我很想提名拔塞钻为千年来最佳工具（起码它绝对是最讨好的），但我还是决定继续寻找下去。

◉ 　我的《法语综合词典》说 tournevis 一词于 1740 年正式被法兰西学院承认，其首次出现于印刷品的时间则可追溯至 1723 年，比英语的首度记载早了 15 年以上。[10] 这听起来很合理，就我阅读所知，莫克森的许多图示都是复印早期的法文出版物。看来，螺丝起子很有可能是法国人发明的。

◉ 　最早的螺丝起子，可能是当地铁匠手工制作的，然而，我们从《百科全书》中的版画可以明显看出，这些早期工具一点儿都不粗陋原始。我倒不是说螺丝起子有多复杂，许多传统工具都极有可能是它演变的起源，举例而言，《百科全书》中提到法文的螺丝起子 tournevis，常常与 tourne à gauche 相混淆；后者是一只有木柄的大钢钉，就像是一把钥匙，供转动其他工具之用。锥针、锉刀和凿子，都有可能为螺丝起子提供雏形，或者，最早的螺丝起子也可能只不过是一件被损坏或废弃的工具改良后的结果。殖民时代威廉斯堡基金会收藏了两支这样的螺丝起子：一支是由一把克里希马德礼剑（colchimarde）破损的短剑身改造而成；另外一支则是由一把旧锉刀改良而来，横接上一只粗短的木柄，与木螺钻手柄的架构相似。[11] 根据默瑟这位于 1929 年撰写首部美国工具史的作者表示，木螺钻手柄式的螺丝起子盛行于 18 世纪，用来松开连接床架和床柱的笨重铁制螺栓。

◎　我常常参考默瑟的《古代木匠工具》，结合古德曼的《木工工具史》一起使用，后者可以说是手工工具史的基本教材之一。默瑟的书里包括了来自他丰富的美国早期工具及文物收藏中数件 19 世纪螺丝起子的照片，不幸的是，关于螺丝起子的来源，他也没有什么新解。他从未听说古罗马时代有过螺丝起子，也没有见过中世纪关于螺丝起子的图片。他在书中写道，19 世纪之前的木匠并不常使用螺丝起子。尽管如此，默瑟判断在 1700 年之前，一定有人使用螺丝起子，而且据他的推测，莫克森可能只不过是忽略了这项工具。我觉得我的想法与默瑟一致：如果当时已有螺丝存在，螺丝起子一定也已经出现。

◎　默瑟是个有意思的人物。他在 1856 年出生于宾夕法尼亚州巴克斯郡的首府多伊尔斯敦。他在哈佛大学就读时，在诺顿的指导下学习艺术史，之后继续于法学院深造。他通过了美国律师资格考试，但靠着继承得来的一小笔遗产，得以在接下来的十年间悠游欧洲各国。这一段闲晃岁月为他留下的主要痕迹是对艺术的欣赏，对古董的兴趣，以及使他将来与婚姻绝缘的花柳病。回到美国之后，他在宾夕法尼亚大学博物馆担任美国考古馆馆长一职。此时的默瑟看起来碌碌无为，与一般玩票性质的士绅并没有什么两样，照片中的他，是个留着两撇翘胡子的时髦青年。"好人，里滕豪斯俱乐部会员，收藏家暨旅行家，富有的人。" [12] 一位点头之交对他作出这样的描述。随后，默瑟显露出一项完全不同的才能：他发展出一门独创的考古学理论，认为了解过去的最好办法，并非审视史前，而该由现在追溯至过去。他自大学离职，回到多伊尔斯敦，开始搜集美国早期的工具。

◉ 　默瑟对老旧工艺品的兴趣，将他引向传统陶瓷业。他造访英格兰，与一位曾在"英国工艺美术运动"代表人物莫里斯旗下工作的制砖匠会面，回国后随即成立一间艺术陶坊，并将之命名为摩拉维亚陶坊砖场。默瑟醉心于英国的工艺美术运动。许多以手工艺为根基的企业，如家具、金工、编织和陶瓷工艺等企业，为抵制量产和工业化所带来的粗糙产品，均于此时在美国创立。就像莫里斯蓬勃发展的手工艺事业一样，默瑟在艺术和财富两方面都达到相当高的成就。所谓的默瑟瓷砖变得很有名气，在费城和美国东北各地也用于有名建筑物中。伊莎贝拉·斯图尔特·加德纳位于波士顿的华宅芬威庭园，即现今的加德纳博物馆，其皇家宫殿般的气派，主要得归功于大量使用了默瑟瓷砖。

◉ 　1907 年，默瑟继承了另一笔遗产，打算为自己建盖一所房屋。方特丘在观念上是传统建筑，却并非由传统材料建造。在弟弟威廉（一位尝试使用水泥多时的雕塑家）的鼓励下，默瑟选择以钢筋混凝土为其主要建材。尽管名建筑师赖特于次年在伊利诺伊州的橡树园以水泥完成了联合教堂（Unity Temple）的工程，但默瑟自己设计的这栋房屋，却以全然不同的方式来使用这种新建材，其自然流动及富雕塑感的手法，让人联想起巴塞罗那建筑师高迪的风格。默瑟全程亲自监工，完成他的华厦（前后花了四年光阴）之后，另在屋子旁边盖了一间陶坊，然后又建了一座博物馆，用以容纳他种类繁多的工具和文物收藏品。

◉ 　多伊尔斯敦离我住的地方不远，我决定造访默瑟博物馆。它位于该镇的中心，整栋建筑物是一堆七层楼高的灰色水泥，顶端矗立着以土瓦砌成的塔楼、山墙和矮垣，看起来好似一座来自特兰西瓦尼亚（吸血鬼德古拉伯爵故事发生之地）或阿尔卑斯山区的男爵城堡，经人原封搬移至此。其不寻常的室内设计，以一间高度直达屋顶的陈列室为主，四周则环绕着阶梯和回廊。这个位居中央的空间挤满了各式各样出人意料的东西：由天花板悬吊而下的高背椅，固定于墙上的耙子、锄头和篷车车轮，在空中飘荡的木制雪橇眼看着就要撞上一艘昔日捕鲸基地新贝德福德的捕鲸船。主楼层内的展示包括马车、篷车，还有一具作为烟草铺招牌的印第安人木雕像，直立于一台大型苹果榨汁机旁边。

◎　博物馆的导览指南告诉我，馆内有 5.5 万件展示品。我原本希望能发现一箱的螺丝起子，但默瑟并未依照简单的分类原则来归纳他的收藏。他的做法是开辟一连串的小套间，每个看来都像是一个工作坊，专致于不同的工艺或职业。我透过这些工作坊的小窗往里看，这些窗子的直棂就和馆内其他所有的东西一样，是用水泥做的。在车匠的铺子里，我认出一把用来挖车轴孔的巨型扁斧；在另一间工作坊里，我瞥见一只硕大无朋的司令官大槌；制表匠的工作室里包括了数架饶富趣味的迷你车床，以类似古埃及人用来转动弓钻所用的弓来启动；在木工场里，我看到各式各样的曲柄木钻，还有一具用来打磨木质地板条，长达 1.5 米的大型刨子。整个陈列室内包含了这么多的工具，引起的效应令人目眩——这根本就是个 19 世纪的大型私人清仓大拍卖现场。最后，在枪炮匠的工作坊中，我终于找到了一把螺丝起子，它就和大多数的陈列物一样，没有任何标记。此

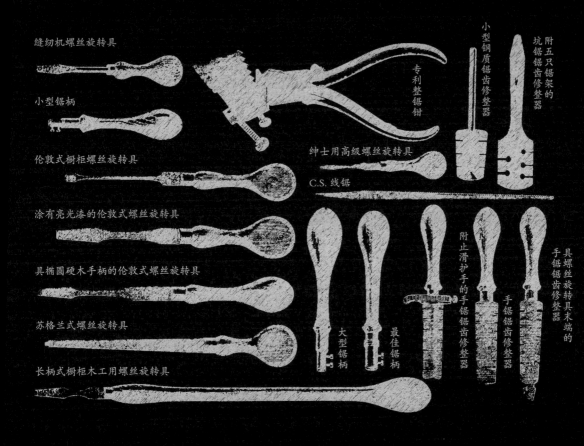

缝纫机螺丝旋转具

小型锯柄

伦敦式橱柜螺丝旋转具

涂有亮光漆的伦敦式螺丝旋转具

具椭圆硬木手柄的伦敦式螺丝旋转具

苏格兰式螺丝旋转具

长柄式橱柜木工用螺丝旋转具

专利整锯钳

绅士用高级螺丝旋转具

C.S. 线锯

大型锯柄

最佳锯柄

附止滑护手的手锯锯齿修整器

手锯锯齿修整器

具螺丝旋转具末端的手锯锯齿修整器

小型钢质锯架的坑锯锯齿修整器

附五只锯架的坑锯锯齿修整器

谢菲尔德马普尔斯父子工具目录中的一页。1870年。

时是 12 月，而我是这座冰冷建筑物里唯一的访客。临别之前，我顺道拜访了附属该馆的图书馆，默瑟在博物馆完成之后，将它献给了巴克斯郡历史学会，也就是该图书馆目前的管理者。有几个人在长长的阅览 桌上工作，在整栋建筑物里，这里是唯一一个提供暖气的地方。在这里我至少可以把自己弄暖和，说不定还能发现一些有用的资料。馆内的卡片索引只有两则关于螺丝起子的条目，而这两本书我都已经看过了。馆内收有数份默瑟本人的著作、莫克森的再版本，以及其他我所熟悉的标准教材。

◎　浏览书架之际，我发现了一本书，内容是关于 19 世纪英国谢菲尔德的各种工具制造厂。这本私人出版物是用打字机打出来的书页，装订在一部厚重的皮革书皮内，年代不算太久，但我可能没法在其他地方找到这本书，这是只印了 750 本的原版书中的一本。[13]

书内各页是英国工具制造厂目录的翻印。作为当时英国钢铁工业中心的谢菲尔德，可能是全世界最佳工具的产地，据作者肯尼思·罗伯茨所说，现存最古老的谢菲尔德价目表来自 1828 年。在书里，夹杂于辐刨刀和矩尺之中，我找到了不是一把，而是整个家族的螺丝起子：8 至 10 厘米长的；表面涂黑色或亮光漆的；还有两种式样，苏格兰式（由宽渐窄的扁平刃部）和伦敦式（较精致且带腰身的刃部）。一打螺丝起子的价格，由 4 先令 6 便士至 22 先令不等，显然，该价目表是为批发商准备的。后来的目录中，包括具扁平椭圆手柄的螺丝起子插图，就和《百科全书》中的版画一样。然而，令我吃惊的是其使用的术语：缝纫机螺丝旋转具、橱柜螺丝旋转具，还有一个口袋型的绅士用高级螺丝旋转具。他们甚至还有螺丝旋转具刀头，供曲柄木钻拧螺丝之用。至此我已确定：萨拉曼是正确的。尽管在我的词典里找不到"螺丝旋转具"这个字眼，但它却货真价实，说不定比螺丝起子还要先出现。

◉　罗伯茨书中的谢菲尔德目录证明，在 19 世纪早期，螺丝起子的市场需求已大到有必要自工厂生产。我所发现的另一项证据则暗示，螺丝起子出现于在那之前的一个世纪，可能是在法国。螺丝旋转具（turnscrew）是法文的字面翻译，而纸上的线索则终止于 1723 年，那是我的《法语综合词典》上关于 tournevis 的记载。我现在已有足够的素材，能为《纽约时报》写一篇文章，却尚未解开螺丝起子之谜。[14]

第三章 · 枪机、枪托和枪管

✿ 有些工具如手锯，发展的速度缓慢，改良的过程历经数世纪；有些工具如曲柄木钻，则是新科学原理的改造结果。另外还有一些发明，看起来似乎完全是个意外，以纽扣为例，这个使衣物免遭冷风袭入的设计，在大部分人类历史中是前所未闻的。古代的埃及人、希腊人和罗马人穿的是宽松的短袖束腰外衣、斗篷和宽外袍；同样的，在中东、非洲和南亚各地，传统服饰上也没有纽扣的踪影。虽说这些地区的气候温和，但北方的衣着也照样不用纽扣：爱斯基摩人和维京人把衣服套过头之后，用腰带和皮带系紧；凯尔特人用苏格兰短裙把自己给包起来；日本人用丝带系牢他们的袍子。古罗马人虽然用纽扣来装饰衣着，却没有想到使用纽扣孔。古代的中国人发明了盘扣和扣环，却没有进一步发明纽扣和扣孔，而后者不但较易制作，使用也方便得多。然后，在 13 世纪的欧洲北部，纽扣突然出现了。[1] 或者更正确地说，是纽扣和扣孔出现了。这个组合是如此简单，又是这么巧妙，但它的发明却是个谜。这无关科学或技术上的突破，纽扣可轻易地以木头、兽角或骨头制作；而纽扣孔只不过是在衣料上划开的一道缝。然而这个看似简单的设计，所需要的想象力大跳跃却着实令人钦佩。只需试着用言辞表达你扣上和解开纽扣时，手指所需的一撇一捺的奇怪动作，你就会发现它其实有多复杂。关于纽扣的另一个谜题是它崛起的方式，很难想象纽扣有任何的进化过程——它有就是有，没有就是没有。我们不知道是谁发明了纽扣和纽扣孔，但他（更有可能是她）真是个天才。

✿ 也许螺丝起子就和纽扣一样，是中世纪的发明。我检视一本 16 世纪艺术家丢勒的书，内容包括他的铜版画和木刻版画等作品。丢勒有时候也描绘工具。一幅埃及神圣家族的木刻版画上，有圣约瑟使用扁斧来挖空厚木条的描绘；在《耶稣受难图》的一个场景中，一个男人转动一只大型的木螺钻，预先为钢钉钉入的位置钻孔，而他的同伴手上则挥舞着一把沉重的铁锤。关于工具最完整的描绘，则在名版画《哀愁（一）》之中。一位有翅膀的女性，四周环绕着各式各样的木工工具：一把金属制的分规、一把开放式手锯、一把铁制的手钳、一把尺、一块模板、一根拔钉锤，还有四根熟铁钉，但没有螺丝起子的影子。《哀愁（一）》图中包括了数项具魔法和寓意的物件，如炼金术士的坩埚、磨石和沙漏等，而艺术史学家则假定《哀愁（一）》图中的工具，也是因为其象征意义而雀屏中选，比方说前面提到的铁锤和四根钉子，就有可能暗指耶稣被钉死于十字架上一事。也许，螺丝起子只是缺少隐喻的分量。

✿　16 世纪最具盛名的科技学术著作，是拉梅利的《多样而别出心裁的机器》，1588 年在巴黎出版。拉梅利是位意大利军事工程师，曾在马里尼亚诺侯爵麾下见习，之后移居法国，加入天主教联盟服役，与胡格诺教徒作战。他的事业相当多彩多姿，在围攻胡格诺教派大本营拉罗谢尔之际受伤被擒，但设法逃脱（有说法是被交换）；数月后，他成功地在一个要塞下挖通地道，得以突破防御工事。他在拉罗谢尔的指挥官是亨利·当茹，即日后法国的亨利三世，拉梅利便是将这本书献给这位君王。这位自称拉梅利上尉的人，正在追随另一位有名的意大利同胞达·芬奇的足迹，而他本身的名气，一点也不在

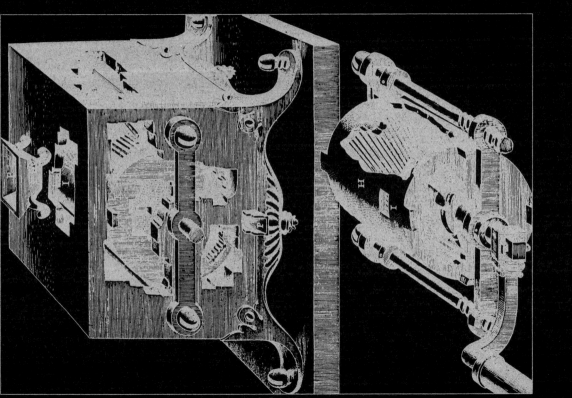

拉梅利《多样而别出心裁的机器》一书中的手摇式磨面机。1588 年。

阅读书轮，源于拉梅利《多样而别出心裁的机器》一书。1588 年。

达·芬奇之下。一位同时代的法国人对他的描述是："一位如雅典名工匠代达洛斯般名副其实的建筑师，吾人时代的阿基米德。"[2] 在拉梅利的书中，首卷插图是一位健壮有力的蓄胡男子，一手持着分规，睥睨一个碉堡模型；另一只修饰整齐的手，则倚靠在一个胸甲骑兵的钢盔上。作者的肖像四周包围着各式饶富寓意的图案，用来象征他的两份天职：战争与数学。

◉ 拉梅利的这本书插图精美，其关于机器和科技设备的编纂是该类书籍中影响力最巨者（达·芬奇的笔记虽在今日闻名于世，却直至其身后数世纪才得以出版）。可以想见的是，这位上尉在书中列入了数架围城机、精巧且可以像手风琴般摊开的浮桥、攀墙机以及庞大的投石机。他也介绍了数种暗袭用的装备：用来松开门闩的扳手，强迫铁门与城堡升降闸门开启的巨型夹钳，以及将门直接自铰链上卸下的千斤顶，"操作简易且几乎不发出声响"。不过这则声明仍有商榷的必要，因为在大门自铰链上卸下之后，这一装备缺乏防止大门撞击地面的设计。

◉ 此书提到的两百具机器中，绝大部分是太平时代的设计。拉梅利对提高水位的问题极感兴趣，所以书中包括了各种水车、泵和水桶运送带。书中也有家用的玩意儿，比如自动喷泉，还有手摇式磨面机；后者有其重要之处，因为这是应用辊筒（而非磨石）的头一件已知实例。拉梅利设计的旋转式阅览架尤其引人注意，在拉梅利的时代，旋转式阅览架并非前所未闻，主要是供学者同时反复参考数本巨著之用。当时常见的阅览架在水平位置旋转，一次可容纳 4 本书；但拉梅利直径 1.8 米的阅读书轮如现代摩天轮般垂直旋转，且容量不下于 8 本书。"这是一架华美而别出心裁的机器，对喜好研究的人，特别是身体不适或饱受痛风折磨者，更是非常有用和方便。"他大言不惭地夸赞自己的设计。[3] 阅读书轮是机械设计的精心杰作，为确保轮子转动时打开的书能维持固定的角度，他并入了一个复杂的周转齿轮传动装置——一项之前只在天文钟上使用的设计。当然，单靠重力同样可以做好这份工作（就跟摩天轮一样），但这个齿轮系统让拉梅利得以展示他身为数学家的可观能力。[4]

◎　这个华丽的愚蠢之物，分散了我的注意力——我应该找螺丝起子的。就我所见，这个沉重的木造阅读书轮是用栓子联结起来的。然而，在拉梅利书中其他部分，我的确找得到螺丝，那个手摇式磨面机的铁脚架，以有槽螺丝联结于木制底座，其中一个螺丝还只旋进了一部分，让人能看见它的螺纹。这证明螺丝（还有可能加上螺丝起子）的使用，较我先前资料来源的假设，还要早了一百年以上。

◎　另一本有名的中世纪科技书是《论冶金》。这部关于采矿和冶金学的学术著作，作者是鲍尔，一位撒克逊学者，其拉丁文笔名为阿格里科拉。阿格里科拉——德国第一位采矿学家——为地质学和采矿的系统性及科学性研究奠定了基础。在他去世后不久问世，出版于 1556 年的《论冶金》，充斥着矿业和冶炼机械的木刻版画：泵、开矿吊车以及熔炉等。由于许多机器均为木制，阿格里科拉也描绘了一些木工工具：铁锤和钉子；木槌和凿子；斧头和扁斧，用来整理支撑用的笨重木材；一把长柄木螺钻，用来将圆木挖空成管状。

◎ 他在书中描述要如何使大型风箱供炼铁之用。其木刻版画展示了风箱的各个组件：铁制的喷嘴、木板，以及皮制的伸缩囊。根据作者所言，牛皮的水准在马皮之上，他进一步告知读者"有些人不是用铁钉把皮革固定在风箱板和环状柄上，而是利用铁螺丝，在将折条附于皮革的同时，一并以螺丝固定"[5]。我把这段文字看过两遍，没错，他说的就是铁螺丝，而在这幅版画的左下角，正是一枚螺丝的工整图样，其锥形而具螺纹的钉身，与扁平带槽的螺丝头相连接。虽然图中并未显示旋转螺丝的方法，但阿格里科拉提出明显的证据让我们知道，螺丝的使用时期最早可达 16 世纪中叶。

◎ 一本早于阿格里科拉和拉梅利的技术性图书，是所谓的《中世纪居家书》。这本书的作者和出处不详，但一般认为源自德国南部。有人说它是一份骑士城堡（Wolfegg Castle，沃尔夫埃格城堡）的居家手册，这在当时是很常见的类型。[6] 目前这本书共有 63 张羊皮纸，插图精美并涵盖各式话题：马上长矛比武、狩猎、作战、追求女性等。在天文占星术中，描写着不同星座出生的人各自不同的特质：如有王者风范的太阳、多情的金星、好战的火星。勤劳的水星身旁伴随着各种工匠：一位风琴制作家，一位戴着眼镜、正将一只大酒杯锤打成形的金匠，还有一位钟表匠。数页《中世纪居家书》精选页的巡回展示正在纽约市弗里克收藏馆里进行，我用馆方贴心提供的一只放大镜仔细地观察。

我希望能在钟表匠的工作台上找到一支螺丝起子，可是运气没那么好，关于冶炼的一节，列有一个以水力驱动风箱的装置，但没有任何使用螺丝的迹象，接下来数页讲的则完全是战争科技。在博物馆内一位警卫愈来愈多疑的戒慎目光下，我依次仔细地研究每一幅图画。

◎　在大炮、古战车和攀墙梯等各式精细的图画中，我找到了一堆五金器具的收藏：一把木螺钻，各种镣铐，许多奇形怪状的撬棍。据图片说明，它们是用来强行开启铁栅的工具——拉梅利闸门扭钳的祖先。虽然《中世纪居家书》的图画中有一把扳手，却找不到螺丝起子，但有个东西几乎和螺丝起子一样好：图中的两件物品（一只脚镣和一副手铐），都是用有槽螺丝钉牢的。

◎　《中世纪居家书》的确切年代已不可考，大部分学者相信，该书写于 1475 年至 1490 年之间，比起阿格里科拉和拉梅利的作品几乎早了一世纪，更比《百科全书》早了 300 年以上。由于《中世纪居家书》的作者在书中另附了一幅单独一根螺丝的图画，不禁让人猜想，螺丝在当时可能颇为新奇。有意思的是，《中世纪居家书》中的螺丝是用来联结金属而非木料的，这样的螺丝必须配上预先刻好螺纹的螺丝孔，所以这些 15 世纪的螺丝，其制造过程已有着相当高水平的精准度。

◎　我还没有找到一把螺丝起子，但找到了一根非常古老的螺丝。有槽螺丝在当时的用途，想必不会仅限于连接手铐脚镣这种特定的用处吧？我回到丢勒的作品。虽然在他富有宗教意味和寓意的版画中，鲜少含有机械装置，但他在 1518 年完成的最后一幅铜版画却是个例外。该图的主题是一架大炮，经人拖曳于田园乡间，某个宁静村落的各家屋顶就在下面的山谷清晰可见。大炮和乡野景观之间的对比十分戏剧化。该图也是作者对战争机械化的评论，因为在画景中还包括了一群神色凝重，手持刀剑长枪的东方战士。丢勒十分详细地描绘了这座大炮，还有它的木制炮架，以及拖大炮用的两轮前车；然而，大炮铁制的部分，包括一个复杂的俯仰机构，均非以螺丝固定于木架上，反而使用了沉重的长钉。

◎ 丢勒的版画给了我一个想法：武器向来是科技发明之母。雷达和喷射引擎均源于第二次世界大战就是两个现代的例子；而在文艺复兴时期，最引人注目的军事革新是枪炮。最早的枪炮是射石炮—— 一种投掷大石球的短重臼炮。射石炮固定在木制平台上，拖来拉去十分费力。然而，在 15 世纪结束之前，铸钟厂以青铜铸造炮筒，长约 2.5 米，其重量之轻，已达到能够置于有轮炮架上完全机动发射的地步。这些创新武器的其中之一，正是丢勒版画的主题。

◎ 在铸造整座大炮之前，铸造厂先用小型轻便的武器做实验。这种"手持加农炮"现存的最古老实例，是一个 30 厘米长的青铜炮筒，制于 14 世纪中叶的瑞典。[7] 该炮筒连接于一个笔直的木制枪托上，炮手要么以手肘紧夹着枪托，要么将之扛在肩上，像是扛着现代的反坦克炮一样。意大利人将这种新武器叫作 arcobugio（字面意思是"中空的十字弓"）。身为制炮先驱的西班牙人则将其叫作 arcabuz，也就是法文和英文 arquebus（火枪）的由来。

◎　发射火枪的技巧相当难以拿捏。从枪口装入弹药之后，枪手必须单手平衡这个笨重的武器，另一只手则将一根闷燃的火柴指向火门或火药池。即使使用了叉状支架或三脚架，瞄准仍然相当困难。除此之外，提早引爆的可能性，使得将手靠近起爆药成为一件危险的事。一群挥舞着点燃的火柴，在火药池上猛倒火药的火枪兵，对自己可能造成的伤害，和对敌人造成的伤害一样多。

◎　解决引爆问题的方法约于 15 世纪早期开始发展：枪托上加装了一根持拿火柴的弯曲金属臂。在早期的版本里，射击手须以手回旋该金属臂，慢慢地将火柴移至火门；到后来，这个动作由一个由弹簧操作的机械装置完成，即所谓的火绳。持火柴的臂状物先用扳机扣住，在按下按钮之际，弹簧将之带到火药池。在更进一步的改良下，一个形似杠杆的扳机（改造自十字弓的一项配备）受压后，缓慢地将火柴降下火药池。至此，射击手的双手都能得空，可用来稳定枪身和瞄准。现代枪炮自此诞生——枪机、枪托和枪管，从头到尾，一样也不缺。

◎　火枪很快地流行起来。在 1471 年，勃艮第公爵的军队总计拥有 1250 名披挂盔甲的骑士、1250 名长矛兵、5000 名弓箭手，以及 1250 名火枪兵。[8] 到了 1527 年，在法国一支为数 800 人的远征军中，半数以上的士兵为火枪兵，[9] 射击手已成为当时常见的士

火枪手发射火绳枪。1607 年。

兵。科技上的创新，往往自富至贫，涓滴下传，枪炮则以相反的方向演进。贵族阶层蔑视头一批火枪，认为它们操作不易，对狩猎而言太不精确。直到 16 世纪晚期，枪才成为绅士的武器。

✿　我前往纽约市大都会美术馆的武器与盔甲陈列室一睹这些早期枪炮的风采。在一个玻璃柜中，我发现了一把 16 世纪 70 年代在意大利生产的火绳枪，枪身长约 1 米，有一个形状奇特的弯曲木制枪托，看起来像是一支草地曲棍球球杆。这类俗称"沛彻诺"（petronel）的枪支是法国人开发出来的，其法文名称叫作"胸枪"（poitrinal），因为枪托的形状是为发射时可将枪托靠在胸（poitrine）上而设计的。沛彻诺枪的好景不长，正如一位怀疑其功效的英国士兵所指出的："几乎无人能忍受其后坐力。"这些枪支遂被具有所谓西班牙枪托的枪支取代，发射时将枪托抵在肩上。[10]

✿　大都会美术馆中的沛彻诺枪装饰得十分华丽繁复，显然是供狩猎之用。其钢制的枪管和枪机上有雕刻，枪托上则镶嵌着骨雕。当我仔细观察这些装饰时，枪机吸引了我的目光，两颗螺丝的有槽螺丝头明显可见。枪机是用螺丝——肯定是螺丝——固定在枪托上的。

✿　之所以舍铁钉而用螺丝，可能是为了确保枪机不会受连续发射的影响，因振动而松开。这项应用一定产生得相当早，绝对在 16 世纪 70 年代之前。由于大都会美术馆中没有更古老的火绳枪，我便去查阅一本有名的参考书《波拉德氏枪炮史》。我找到一幅于

1505 年在纽伦堡绘就的火绳枪详图。[11] 其可动零件以铆钉固定，但整个机械装置则以四根螺丝紧固在枪托上，和那把沛彻诺枪如出一辙。在这幅分解图中，可看见这四根螺钉的全貌：它们有着圆而带槽的螺丝头，带螺纹的螺身则逐渐变窄，直至尖锐的末端。在《波拉德氏枪炮史》一书中，关于火绳枪最古老的描绘来自一份 15 世纪的德国手稿。粗短的枪管嵌入木制枪托中，由枪托末端稍呈倾斜的情况看来，当时的人已逐渐了解将后坐力的部分冲击转换成垂直运动的原理。这幅图画精确明白地显示了枪的右侧，同样地，枪机以两颗有槽螺丝固定于枪托上。这份手稿的年份是 1475 年，约与《中世纪居家书》的时间相当。[12] 在这里，我终于找到了早期螺丝的普遍应用。

❂　在 16 世纪，火绳枪被一种新型枪机所取代，即所谓的轮枪机。枪机上的小轮子附在一条弹簧上，必须加以上紧或"绑住"（spanned）。用来转动轮子的钥匙叫作扳钳（spanner，也就是扳手在英国的名称）。拉动扳机之际，小轮子快速地转动，与一块二硫化铁相击而产生火花（与现代打火机的原理相同），火花点燃引药，枪支继而开火。这块二硫化铁固定于一套夹钳中，以小螺丝上紧；因为必须经常将磨损的二硫化铁换新，射击手需要随身携带一把螺丝起子。解决之道是一件组合工具——将扳钳手柄的末端弄扁，作为螺丝起子之用。这一定就是狄德罗《百科全书》中提到的"火枪兵的螺丝起子"。

火绳枪详图。1505 年。

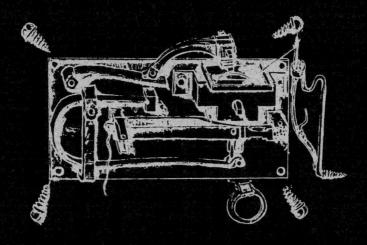

◉　大都会美术馆的各式火绳枪陈列在一个小房间里，作为整个武器与盔甲展示区的一部分。在检视枪支之后，我决定看看盔甲。这与研究无关，只不过在我的童年里，有着阅读艾凡赫故事、看圆桌骑士影片的美好回忆。主画廊中心的展示品是一群跨坐在披甲战马上的骑士。包上锡片以防生锈的铠甲闪闪发光，旗帜和三角旗随处可见，赋予陈列品一股快活、节庆的气息，很容易让人忘记它们原本是杀戮用的装束。我参观的这一天，整个地方充满了喧闹、兴奋的学童。我驻足于一个陈列箱前，箱里有一套实用的装备，从头到脚漆成黑色——这不是黑骑士，只是个便宜的防锈办法罢了，其鸟嘴状的头盔只为眼睛开了一道狭缝。"好棒喔！"站在我身旁的男孩对他的同伴说，"就跟电影《星球大战》里的达斯·维德一样。"

◉　这套盔甲来自德国德累斯顿，制造年代介于 1580 年与 1590 年之间，比一般公认的盔甲黄金时代（约 1450 年至 1550 年）稍微晚了些。和我童年在电影中所见的不同之处是，生于 6 世纪的亚瑟王麾下骑士，穿的是锁子甲，而非钢铁盔甲。具防护作用的钢板一直到 13 世纪末期才开始有人使用。首先是遮盖住膝与胫，接着是手臂，到了 1400 年左右，整个人体都给包了起来。连接钢板的常见方法是用铁、黄铜或纯铜制的铆钉，当两片钢板之间需要小幅的活动空间时，铆钉便设于槽孔中，而不是钉在一个洞里。可移动的盔甲片以开口销 *、转锁扣和回旋钩固定；大型的主要配件如护胸甲和背甲，则以皮带系在一起。

⚙　经过鉴定，这套德累斯顿盔甲为马上长矛比武用的盔甲。马上长矛比武（jousting），又称长矛冲刺（tilting），起源于军事锦标赛；骑马的骑士成群地以长矛、剑和狼牙棒互攻。到了 16 世纪，这项粗鲁的混战已进化成一种非常规则化的竞技活动，两名骑士各持一根约 4 米长的钝顶木制长矛，自一低矮的木制障碍物（叫作 tilt）两侧，骑马向对方冲刺。比武的目标是使对手落马，让他粉碎自身的长矛，或攻击其身体各个不同部位而得分。为保护穿着者的安全，长矛比武用的盔甲经过大量强化，重量超过 50 公斤（战场上用的盔甲较轻，约 15 至 25 公斤）。

⚙　这件黑色的德累斯顿盔甲，是为一种杀伤性特别强的德式长矛竞技而设计。这种竞技用的是削尖的长矛，特别受年轻男子欢迎。此类战斗需要额外的保护措施，使用仅仅遮住头部以及颜面上半的头盔；脸的下半部和颈项则由一片一体成形的大钢板（叫作 renntartsche）保护，一路向下延伸以遮盖左肩，与护胸甲联结；护胸甲上则镶了一片小圆盾牌。这些作为"靶子"的小配件，可在被打到时应声落下；有时它们还会被装上弹簧，以便能在被击中后戏剧化地飞向空中，使疯狂鼓掌的观众更加兴奋。

———————————————

* 销是用来连接物件的金属栓。——译注

连接马上长矛竞技头盔和防护钢板（renntartsche）的托架。德累斯顿，16 世纪。

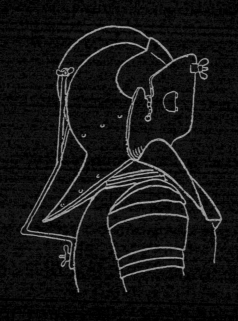

✿　　和陈列室中多数盔甲一样，这套德累斯顿盔甲的钢板是用铆钉和皮带连接起来的。然后我注意到一件事：防护钢板是用螺丝锁进护胸甲的，直径约 1 厘米的有槽螺丝头明显可见。昔时的甲胄工匠也使用螺丝起子！由于盔甲的钢板相当薄，这些螺丝可能配有螺帽，但因为它们藏在盔甲里面，我自然无法看到。伦敦市区外的格林尼治兵工厂当时雇有十几名甲胄制造匠以及各种专业人员，如铁板工、铣工、头盔匠、锁子甲匠，以及锁匠等。中世纪的锁有时使用带螺纹的转动机构，所以螺丝可能就是锁匠制造出来的。

✿　　我们可以相当确定这些螺丝是如何制造出来的。在莫克森的《机工练习》一书中，有定名为"螺丝与螺帽的制作"的一节，制作过程不可能和中世纪相去太远。他描述了在锻造坯料锤打出头和柄之后，如何用一块被称作"螺旋板"的模型，将"螺旋销"（即螺纹）切削出来。以回火钢制成的螺旋板上有好几个直径不同的螺纹孔，将坯料以虎钳夹住之后，一面用力将螺旋板从上向下压，一面转动螺旋板，以便将螺纹切削成形。与之相配的螺帽则用螺丝攻来切螺纹，螺丝攻是一根附有手柄的锥形螺丝。"将螺帽拧紧平放在虎钳中，让螺栓孔直立，并使螺丝攻直立于孔中；然后，如果螺丝攻上有手柄，用力摇动手柄使之在孔中旋转，螺丝攻便能切入孔壁中，在其上划出沟槽，以便与螺旋销的螺纹配合。"[13] 莫克森的复杂说明，更加凸显了以此方法制造一枚螺丝时所需的灵巧和蛮力。

✿　　在进一步观察德累斯顿盔甲时，我察觉到，头盔是用大型翼形螺帽连接在背甲上的。

在长矛比武中，打到头盔所得的分数最高，因此必须采取特别的预防措施来保护头部的安全。一般作战用的头盔，尺寸贴身，套在以锁子甲做成的帽巾之外；但长矛比武所用的重型头盔却完全碰不到头部，而是撑在两肩上，就像是现代深海潜水者的头盔一样，以皮带系在护胸甲和背甲上，使头盔不至于被撞倒。"在马上长矛比武或竞技用的盔甲中，这些可调整的扣件并非永远可靠，"福克斯在一本 1912 年出版的关于盔甲的书中说道，"所以这巨大的头盔……通常是以螺丝紧固在盔甲上的。"[14] 德累斯顿盔甲使用的翼形螺帽是一项后来的改进，以便使头盔能够严密地调整到确切的角度，这一点很重要。而所谓的蛙嘴式头盔，有一条狭窄、如鸟嘴的视野缝，为的是让骑士在马鞍上前倾向对手冲刺时，能够看见外面。在最后一刻，也就是敌我交手撞击的刹那之前，骑士会直起身子，而头盔的下半部便可保护他的眼睛，以免眼睛被四处流窜的碎片伤害。这需要过人的胆识：骑马冲下竞技场，沉重的长矛直指着一个透过摇晃的狭窄缝隙勉强可见的对手，而在木头和钢铁相击发出的刺耳声响之后，眼前只剩下一片骤然的漆黑。

⚙ 螺丝究竟是在什么时候取代了皮带，我们并不是很清楚。福克斯引用了一本写于 1446 年的法国军事手册，其中就长矛比武的盔甲提供了详细的叙述。书中提到多数配件的固定方式都是 cloué（字面意义为"钉住"，如铆钉就叫作"军备钉"），但在某一处则描述一件为 rivez en dedens（自内部固定），听起来很像是螺丝和螺帽。我找到一些引文，提到用螺丝把头盔固定在护胸甲上，其年代可早达 1480 年。[15] 在大都会美术福克斯提及的甲胄工匠的多用途工具。16 世纪。

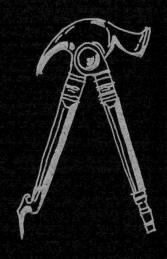

馆中，最古老的一根螺丝属于一片来自德国或奥地利的钢铁护胸甲，年份介于 1480 年至 1490 年之间。如果 15 世纪 80 年代有人使用螺丝，这些螺丝就和《波拉德氏枪炮史》中火绳枪的螺丝、《中世纪居家书》中的金属螺丝年代相当。据福克斯的叙述，这些螺丝的头部为正方形或多边形；但我在大都会美术馆里看到的，全都是有槽螺丝。

⚙ 我读遍福克斯的"工具、器具等"章节。据作者表示，甲胄工匠的工具很少得以留存至今。他描述了在大英博物馆中的一项展示："在同一展示箱中，是一把甲胄工匠的手钳，类似今日'麻雀虽小，五脏俱全'的工具，因为它包括了铁锤、剪线钳、钉撬和螺丝旋转具。"[16] 他指的是一张先前我并没有注意到的图片，于是我兴奋地翻到第 5 页。[17] 如今进一步审视，我可以认出一个把手末端的镐状物，另一把手的末端是一个扁平的螺丝起子刃部。图片下方的文字说明将此物的年代定在 16 世纪。

⚙ 又是一个组合工具。当我发现最古老的螺丝起子，竟然与美国家用品连锁卖场哈马赫·施莱默所售的家用小玩意儿没啥两样时，着实感到失望。虽然福克斯把这叫作螺丝旋转具，但它可能和火枪兵扳钳上的螺丝起子一样，没有专属名称。既然当时的螺丝不多，我们所需要的，自然只是一个兼差性质的工具。

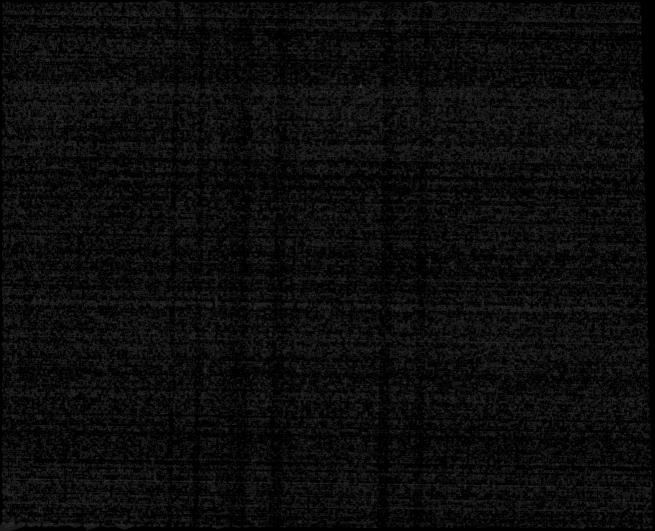

第四章 · 最大的小发明

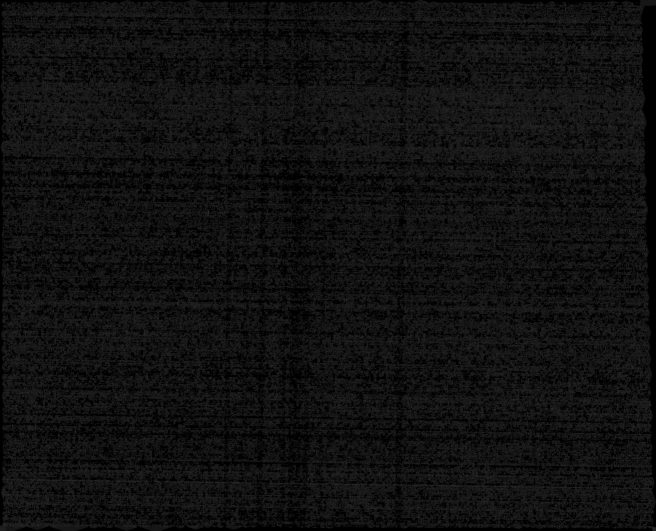

❂　　在寻找有史以来第一把螺丝起子的同时，我也培养出了对螺丝的兴趣。当阿格里科拉就制作风箱的方式比较螺丝与铁钉时，他表示："毫无疑问地，它（螺丝）的优点远大于它（铁钉）。"[1] 事实上，熟铁钉是个相当了不起的固定物，它和现代钢钉的外形几乎没有相似之处。现代钉子圆而尖锐，是塞入木材纤维中的，这样的钉子在打入软木（云杉木、松木和枞木）时还算有效，但通常会使硬木（槭木、桦木和橡木）裂开。其次，即使是软木，它能抓住一根圆钉子的力量仍然很弱，因为钉子只是被两侧纤维的压力夹在定位处。而另一方面，熟铁钉的截面是正方形或长方形，有着手工锉出的凿子头，当凿子头逆纹打入木料中时，是直接切进木材纤维而不是硬塞进去的，就跟铁轨上的道钉一样。这样的钉子就算是打入最硬的木材也不会让木材裂开，而且它们几乎是进得去，出不来，这是我把一根熟铁船钉的复制品钉入木板时得到的发现。*

❂　　然而，熟铁钉也并非无所不能，如果把它们打入一片薄薄的木头（如一扇门），其固定力便会大幅减弱，而且凸出的钉尖必须敲弯才能保持稳固。最有效也最容易制造的熟铁钉，是当其尺寸相当大的时候（起码得 2 到 5 厘米长）。在诸如将皮革固定于风箱板上，或将火绳连接至枪托上等一些小规模的应用中，最早的螺丝之所以会取代钉子，正是这

---

* 在 19 世纪初期，手制的铁钉为切钉所取代；切钉自整张的熟铁（后来改用钢铁）板以模锻方式打出，每个钉子的长方形横截面都十分近似。之后则以手工方式将钉尖以锉刀锉出。

个缘故。即使是一根短小的螺丝，固定力也非常大。和钉子或长钉不同的是，螺丝并不是靠摩擦力来固定，而是靠一种机械结合：尖锐螺纹和木材纤维彼此之间的相互穿入。这种结合的力道之强，使得若要移除一根安装好的螺丝，唯一的方法是破坏周围的木材。

✪ 16 世纪时，螺丝的唯一毛病是它们比铁钉贵太多了。当时的铁匠能相当迅速地生产铁钉，一根红热的锻铁条在手，削方、牵引，将铁条推拔至一个尖端，再将重新加热的铁钉推入锻头工具，然后用一把沉重的铁锤将钉头敲打成形。此程序是古罗马人发明的，直到 19 世纪，仍然没被淘汰，美国总统杰斐逊的奴隶就曾在其宅邸蒙蒂塞洛以此法制造铁钉。整个过程费时不到一分钟，尤其是经验老到的"钉匠"，做来更是不费吹灰之力。在那时，制造一枚螺丝却复杂得多，坯料锻炼、拔尖和敲头的过程和钉子相差无几，但钉子是做成方形，螺丝却是做成圆形；然后用弓锯在螺丝头上把槽切开，最后再以手工的方式辛苦地将螺纹锉出来。

✪ 枪炮匠自己制作他们所需的螺丝，就和甲胄工匠制造自己的螺栓和翼形螺帽一样。那么钟表匠呢？塔钟在欧洲出现的时间，可上溯至 14 世纪。在我们所知甚详的塔钟里，最古老的为意大利人德唐迪所制。这是一座极其复杂的天文钟，钟身有七面，显示七个古代行星的位置：太阳、月亮、水星、金星、火星、木星和土星。除此之外，一个旋转刻度盘指示着宗教的节日，另外一个则显示一天的日光时数。德唐迪以手工制造所有的青铜、黄铜和红铜零件，他前后花了 16 年的时间，才在 1362 年完成这座钟。尽管原物在 16 世纪时毁于一场大火，它的发明者却留下了详细的制作程序，于是，两件成功运转的复制品于 1962 年在伦敦完成。其中之一目前属于美国国家历史博物馆，而我在蒙特利尔的一项临时展览中赶上了亲眼看见它的机会。这座精致的七面塔钟约 1 米高，大齿轮以悬吊式重锤驱动。我仔细观察它的机动结构，就我肉眼所见，所有的连接是以榫卯完成，这是从木工中改良的一个小细节。凸出的榫上有供楔形金属块打入的槽孔。这些楔形金属块的大小，从微如针状至 3 厘米长不等。钟上想必有上百个这样的附件，但我连一根螺丝也没看到。

❂ 根据《布里滕氏古董钟表及其制造者》这本出版于 1899 年的钟表史权威作品记载：" 1550 年之前的钟里完全没有螺丝。"[2] 螺丝之所以会被引进，是较小而轻的家用钟特别是表的需求之故。根据此书，" 即使是最早期的表，通常至少也有一根螺丝。这些螺丝有着圆顶的螺丝头，头上的槽呈 V 字形，螺纹粗糙而不规则 "[3]。

———

❂ 16 世纪中叶之前，螺丝的应用已囊括表内的小型螺丝和螺栓、枪炮的大型螺丝以及盔甲中的重型螺栓。然而，还要再过两百年，市场的需求才增长到足够支持螺丝工业发展的地步。《百科全书》中提到，邻近法国里昂的福雷地区长于制造螺丝，长度自 1 厘米至 10 厘米或 13 厘米不等。这些螺丝仍然十分昂贵，以至于它们是论 " 个 " 出售的。据

《百科全书》表示，这些螺丝头分有槽和正方形两类。

❀　在英国，螺丝的制造集中于英格兰中部，组织方式类似家庭工业。当地的铁匠大量制造带头的锻钢坯料，然后送至所谓的螺丝塑型人家中。螺丝塑型人和其家人以及一两位助手就在家里工作。第一个步骤是用弓锯在螺丝头顶开槽，也就是刻痕，这还算是简单的。接下来，螺纹（也就是蜗杆）得用手工的方式锉出来。有的螺丝塑型人使用心轴（一种原始粗糙的车床），一手摇动曲柄，另一手来来回回地操纵沉重的刀具。不论方法为何，这是一项缓慢而辛苦的工作，而由于蜗杆是通过肉眼操作切出来的，所以螺丝上的螺纹自然既有瑕疵，又过于粗浅。根据一位曾在当时目睹螺丝塑型人工作的观察者所言："这些过程昂贵和乏味的特性，使螺丝不可能具备与铁钉竞争的能力，销售量也因而十分有限。其品质也非常差，要用这样的方法来生产切削得宜的螺纹，根本是件不可能的事。"[4]

❀　莫克森和《百科全书》都提到，锁匠用螺丝将锁固定于门上。我也碰到一些记载，描述 18 世纪木匠使用螺丝来锁上铰链，特别是样式稀奇的丁字铰链。丁字铰链外形类似一个卜，其垂直的部分固定于门框侧柱上，水平的部分则固定在门上。在当时，用于轻型碗橱门和窗板的丁字铰链是用螺丝而非铁钉固定在门框上。另一方面，笨重的门则挂在传统的带条铰链上，带条铰链延伸至整个门宽，固定方式是钉入铁钉后再将钉尖敲弯。

❀　现在仍有人使用带条铰链和丁字铰链，但现代最普遍的门铰链显然非对接铰链莫属。

对接铰链并非安装在大门表面上，而是嵌入其最厚的一端。使用对接铰链的门美观宜人，因为当门关上时，人们完全看不到铰链的存在。它们在法国的使用最早可追溯至 16 世纪（拉梅利有图示），但它们属于奢侈品，以手工方式用黄铜或钢铁制作。1775 年，两个英国人就量产铸铁对接铰链的设计取得了专利。[5] 比带条铰链便宜的铸铁对接铰链有一个缺点：它们不能用钉子钉住，随着门重复开关，钉子会自行松脱；而由于钉子在大门最厚的一端，所以也无法将钉尖敲弯。因此，对接铰链必须用螺丝紧固。

✪　好巧不巧，在对接铰链普及化的同时，一种能制造出品质良好且价钱合理的螺丝的技巧正在日渐精进。来自英格兰中部斯塔福德郡的怀亚特兄弟，决定着手改进螺丝的制造方式。1760 年，他们取得了"一种到目前为止，切削铁螺丝（俗称木螺钉）的最佳方式"[6] 之专利。他们的方法涉及三阶段不同的作业：首先，当经锻造的熟铁坯料固定于旋转的心轴上时，用锉刀将埋头修整成形；其次，在心轴停止转动之后，用一个回转式锯条在螺丝头上开槽；最后，将坯料置于另一架心轴上，为其切削螺纹，这也是整个过程中最具创意的部分。他们舍弃了以人手来引导刀具，而改将刀具连接至一个沿循着导螺杆螺纹运动的槽针上；换句话说，这是个自动化的作业。这么一来，不用花上数分钟的时间，螺丝塑型人可以在 6 秒或 7 秒钟之内制造出一枚螺丝，而且产品的品质也好得多。

✪　为了将伯明翰以北一座废弃不用的水力玉米磨坊变成全世界第一家螺丝工厂，怀亚特兄弟花了 16 年的时间筹措资金。然后不知什么缘故，他们的公司倒闭了，也许是这对兄弟不会做生意，又或许只是时机尚未成熟。数年后，该工厂的新业主们利用了由对接铰链的普及制造出来的对螺丝的新需求，将螺丝制造转变成一则非凡的成功故事。他们的 30 名员工每天可生产 1.6 万枚螺丝。[7]

✪ 机器制造的螺丝不仅生产快速，品质更是好得多，又好又便宜。1800 年，英国的螺丝售价一打还不到两便士，到后来，螺丝工厂的水力为蒸汽动力所取代，一连串的改善措施更进一步改良了制造过程。在接下来的 50 年里，螺丝售价几乎折半；再过了 20 年，价钱又减了一半。便宜的螺丝找到了现成的市场。事实证明，螺丝不仅适用于固定对接铰链，只要是有牢牢固定薄木板的需要，就造船、家具制作、橱柜木工和车身设计制造等各项应用而言，它们的用处就都相当大。需求增加之后，生产量也跟着暴涨，英国的螺丝工厂原本在 1800 年的年生产总额还不到 10 万颗螺丝，6 年后年生产总额却几乎达到 700 万颗。[8]

———

✪ 仔细观察一根现代的螺丝，它真是一个了不起的小东西，尖锐如针的螺旋尖端是螺纹的起点，该点平缓地逐渐变粗，推入内芯为圆柱状的螺丝本体。在螺丝头附近，其内芯演变成平滑的颈干，螺纹则逐渐消失以至全无踪影。逐渐消失是个相当重要的步骤，因为螺纹的骤然终结可能会降低螺丝的强度。

✪　第一批由工厂制造的螺丝则完全不是这么一回事。首先，虽然手工制造的螺丝是有尖头的，工厂制造的螺丝却只有钝头，而且使用时无法自行启动，必须先为它钻个导孔。问题出在制造的过程。钝头螺丝压根儿没法锉出一个尖头来，螺纹本身也必须停止在尖端；但当时的车床没有切削推拔螺纹的能力，螺丝制造商曾试着改变刀具下刀的角度，结果是螺丝的全长都得经过推拔。然而，这类螺丝的固定力很差，所以木匠都拒绝使用，当时所需要的是一台能同时在螺丝本体（圆柱状部分）以及螺旋尖端（锥状部分），切出连续螺纹的机器。

✪　一位有发明天分的美国技工找到了解决之道。美国最早的螺丝工厂于 1810 年成立于罗得岛州，用的是经过改良的英国机器。该州首府普罗维登斯成为美国螺丝工业的中心，到 19 世纪 30 年代中期，其产品需求量日益激增。自 1837 年起，有一连串的专利都与具螺旋尖端螺丝的制造问题相关，但经过十年以上的试误学习之后，才终于找出解决之道。1842 年，一名为新英格兰螺丝公司工作，来自普罗维登斯的技工惠普尔，发明了一种完全由机器自动制造螺丝的方法，七年之后，他有了新的突破，遂成功取得尖头螺丝生产方法的专利。斯隆设计出一个稍微不同的方法，其专利成为大企业美国螺丝公司的支柱。另一位新英格兰人罗杰斯则解决了将有螺纹的内芯逐渐推拔至平滑颈干的问题。诸如此类的改进，使美国螺丝业者牢牢地处于世界领先地位，到了 19 世纪末，螺丝已演变至其最终的形式，美国的生产方法也已主宰全球。

一

❂ 自 15 世纪以来，螺丝一向有着正方形、八角形或有槽的螺丝头；前者以扳手转动，后者则以螺丝起子转动。沟槽的起源不难理解：正方头必须非常精确才能与扳手配合，沟槽则是个能以手工大略锉出或切出的形状。有槽螺丝也可埋头旋入钻孔中不至于凸出表面，这正是联结对接铰链必需的一点。一俟埋头螺钉于 19 世纪初开始普遍使用，有槽螺丝头（还有平刃式螺丝起子）就成了标准规范。所以，尽管螺丝至此已全由机器制造，传统式的沟槽却得以留存下来。但有槽螺丝也有数项缺点：螺丝起子很容易就从沟槽滑脱，结果是经常损伤待固定的物件或是操作者的手指，或是两者皆伤；起子于沟槽之中仅能微弱地抓住螺丝，在试着上紧一枚新螺丝或松开一枚旧螺丝时，磨坏沟槽也是司空见惯的事；最后，在有些不便的情况下，如在折梯上试图保持平衡或是在狭窄空间工作时，往往必须以单手拧紧螺丝，这对有槽螺丝而言几乎是不可能办到的。螺丝摇晃不定，螺丝起子滑手，螺丝掉到地上又滚走，修理工气得破口大骂（也不是头一回了）这令人心烦的工具的发明者。

❂ 美国螺丝业者完全了解这些缺陷。在 1860 年到 1890 年间，有一大堆的专利申请：磁性螺丝起子，收纳螺丝的器具，不完全贯穿整个螺丝头的沟槽、双沟槽，以及各式各样的正方形、三角形和六角形的凹头或凹洞等等，其中以最后一项最具潜力。以凹洞代

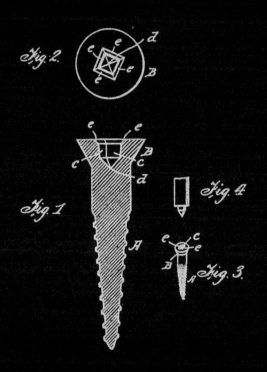

罗伯逊于 1907 年取得的凹头螺丝专利。

替沟槽，能把螺丝起子紧紧握住，螺丝起子就不会自沟槽滑脱。然而困难又一次出在制造过程上，螺丝头是经由机器在一根冰冷的钢条上冲孔成型，若要冲出一个深度足以握紧螺丝起子的凹洞，往往会减弱螺丝的强度，或使螺丝头变形。

✪　27 岁的加拿大人罗伯逊发现了解决的方法。罗伯逊是费城一家工具公司所谓的强力推销员，一个在加拿大东部的街角和乡间市集贩卖他所有商品的旅行推销员。他把空闲时间花在自己的工作室里，尝试各种机械发明。他宣传自己发明的"罗伯逊氏 20 世纪扳手曲柄钻"——一个集曲柄钻、猴头扳手、螺丝起子、台钳和铆钉制造器于一身的组合工具。他拥有一种改良式拔塞钻，一种新型的袖扣甚至一种改良式捕鼠器的专利，却都只是白费力气而已。1907 年，他取得了凹头螺钉的专利。

✪　罗伯逊后来说，他在蒙特利尔为一群站在人行道旁观望的行人展示一只弹簧式螺丝起子时，因为螺丝起子的刃部自沟槽滑脱伤了手，由此得到凹头螺丝的灵感。他这项发明的奥秘在于凹洞精确的形状：它是方形的，由三部分组成，开口边缘处有倒角，中间是稍呈锥形的四个侧面，以及金字塔形的底部。"很早之前就有人发现，利用这种冲孔方式，根据指定的角度分毫不差地制造，冷金属会流向四周而非被逼至刀具的前头，结果是有益于紧密结合金属原子，使其强度增加，却丝毫不需浪费或切除所处理的金属，这和一般有槽螺丝的制造迥然不同。"他相当自负地解释。[9]

✪　身为一个热心的推销员，罗伯逊找到了金钱上的后援，说服位于安大略省的小镇米尔顿许他一笔免税贷款以及其他特权，成立了他自己的螺丝工厂。"大财富来自于小发明，"他向有可能投资他的人士鼓吹，"很多人都认为，这是 20 世纪迄今为止最大的小发明。"[10] 事实上，正方形的凹洞真的是个很大的进步，它和特殊的方头螺丝起子有适贴的配合——罗伯逊声称，其精度达千分之一英寸（约 0.003 厘米）——而且螺丝起子从来不会滑脱。对工匠们尤其是制造家具和船只的人而言，能自定中心并以单手拧紧的螺丝，其便利性真是让人额手称庆。工业界也喜欢凹头螺丝，因为能减少产品的损失并提高生产速度。为福特汽车在加拿大制造木头车身的费雪车身公司，成为罗伯逊的一大客户；而在安大略省温莎镇新成立的福特 T 型汽车车厂，也很快地用去罗伯逊产量的三分之一。开业不满 5 年，罗伯逊就建造了自己的拉线工厂及发电厂，手下雇有 75 名员工。

✪ 1913 年，罗伯逊决定将事业拓展至加拿大以外的地区。他的父亲是来自苏格兰的移民，所以罗伯逊将目光锁定在英国。他成立了一间独立的英国公司，作为向德国和俄国出口的基地，但这项赌注并不成功，他受到资本不足、第一次世界大战、德国战败以及俄国大革命等综合因素的阻挠。何况他还发现，在两个大陆上经营事业是件挺困难的事。过了 7 年，不满的英国持股人将身为总经理的罗伯逊撤职，另换他人。这家英国公司一路挣扎，直到 1926 年才结束清算，关门大吉。在这段时间里，罗伯逊转向美国发展，他与水牛城一家大型螺丝工厂的合作谈判破裂了，因为罗伯逊显然不愿意与他人分享对生产决策的控制权。亨利·福特有意合作，据说他在加拿大的车厂由于使用了罗伯逊螺丝，每辆车可节省成本 2.6 美元。然而，福特也想要有一点掌控权，但固执的罗伯逊怎么都不肯松手，他们见了面却没有达成任何交易。那是罗伯逊为出口其产品所作的最后一次努力。这个终身未婚的单身汉，在米尔顿度过了余年，可以说是名副其实的龙困浅滩。

⊙　在此期间，美国汽车业者追随福特的领导，非有槽螺丝不用。罗伯逊螺丝的成就并非完全没有人注意，单是 1936 年，就有 20 件以上的美国专利是为了改善螺丝和螺丝起子而申请的。其中有数项专利属于一位来自俄勒冈州波特兰市的 46 岁生意人菲利普斯。菲利普斯和罗伯逊一样，原本也是位旅行推销员，以推销新发明为业，并从一位波特兰市发明家汤普森处获得一种凹头螺丝的数项专利。汤普森所设计的凹洞太深，并不是很实用，但菲利普斯将其特殊的十字形状融合至他自己改良的设计。与罗伯逊相同的是，菲利普斯宣称该凹洞"经特殊改良之后，得以与一形状相符的固定工具或螺丝起子紧密结合，螺丝起子无法轻易自凹洞滑脱"[11]。然而，和罗伯逊不一样的是，菲利普斯没有自己开公司，反而打算将他的专利授权给螺丝制造业者使用。

⊙　所有的大型螺丝公司都拒绝了他的提议，典型的回绝理由是"这些商品的制造与行销，无法提供足够的商业成功的希望"[12]。菲利普斯并未就此放弃。数年之后，当初以斯隆的专利为制造尖头螺丝的基石而得以蓬勃发展的大企业美国螺丝公司，其新任总裁同意为这个创新的凹头螺丝进行工业发展上的尝试。菲利普斯在他的专利中强调，这种螺丝特别适用于动力驱动作业，这在当时主要是指汽车装配线。美国螺丝公司说服通用汽车公司试用这种新螺丝，于是，新螺丝开始用于 1936 年的凯迪拉克。由于试验收效十分好，两年后，除了一家汽车公司之外，所有的厂商都改用凹头螺丝。到了 1939 年，大多数螺丝业者都在生产所谓的菲利普斯螺丝（Phillips screw，即十字螺丝）。

✪ 十字螺丝有许多与罗伯逊螺丝相同的优点，还有额外的一点优势是，必要时能用传统的螺丝起子紧固。"我们估计，我们的操作员使用十字螺丝时，比起从前，节省了 30% 到 60% 的时间。"一位深感满意的船只与滑翔机制造者写道。[13] "我们的员工指出，和使用旧式螺丝相比，他们所能完成的工作至少多出 75%。"一位庭园家具制造商宣称。[14] 十字螺丝以及人人耳熟能详的十字尖螺丝起子，至此已随处可见。第一次世界大战妨碍了罗伯逊的事业，第二次世界大战则确保了十字螺丝成为工业标准，因为它被战时制造商广泛采用。到了 20 世纪 60 年代中期，当菲利普斯的专利期结束时，其所发出的使用权在美国国内已超出 160 份，在国外也高达 80 份。[15]

✪ 十字螺丝成了国际性的凹头螺丝；至于罗伯逊螺丝，则只在加拿大境内及美国少数木工业者中还有人在使用。* 几年前，《消费者报告》杂志就罗伯逊和菲利普斯（十字）两种螺丝起子进行测试比较。"经过使用螺丝起子以及一只配上罗伯逊起子头的无线电钻，

---

* 自 20 世纪 50 年代起，一些美国家具制造厂、活动房屋行业，以及一群人数日渐增加的工匠和工艺爱好者开始使用罗伯逊螺丝。罗伯逊公司本身则于 1968 年被一个美国企业集团收购。

紧固了数百枚螺丝之后，我们终于信服了。和有槽螺丝起子及十字螺丝起子相比，罗伯逊螺丝起子速度较快，也较不易滑脱。"[16] 其中的原因很简单。虽然菲利普斯设计的螺丝和其螺丝起子有着"紧密的结合"，但事实上，十字形凹洞的配合，原本就不如正方形凹洞来得完美。矛盾的是，这正是吸引汽车厂商使用十字螺丝的一点。工厂中的电动螺丝起子，其顶端用愈来愈大的力量拧紧螺丝，等螺丝完全就位之后，就马上跳出凹洞，以免拧得过紧。因此，一定程度的起子滑脱，原本是设计的一部分，然而，这一在自动化装配线上十分奏效的特性，却一直困扰着所有的修理工。十字螺丝的滑溜、易滑脱以及磨坏凹洞的特性，可以说是恶名在外，尤其是如果螺丝或螺丝起子制作不当的话。在这里必须承认，我自己是个坚定的罗伯逊用户。方头的螺丝起子紧密坐落于凹洞中，你可以摇晃罗伯逊螺丝起子，在其顶端的螺丝仍旧不会脱落；用电钻推入罗伯逊螺丝，螺丝完全就位后就马上停住电钻；不论有多旧、生锈得多厉害或被漆过多少回，紧固的罗伯逊螺丝永远可以旋开。"20 世纪最大的小发明"——所言甚是！

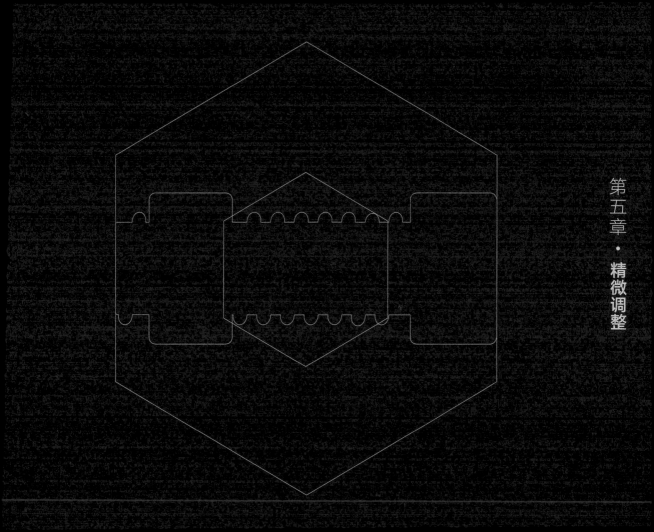

⚙ 怀亚特兄弟位于斯塔福德郡的工厂，其螺丝制造机的操作由儿童担任，书中提及的这点让我印象深刻。18世纪，孩童在煤矿、工作坊和工厂中工作是家常便饭，但经常只是供人差遣，做些帮佣性质的低下杂务。而一台机器，即使是简单如螺丝塑型人所使用的心轴，也需要有经验（更遑论强壮）的操作员。怀亚特的机器显然与一般机器并不相同。我在无意间发现了工业化的一大里程碑。[1] 在一个相当早期的年代（工业革命还要再过一百年后才会完全展开），怀亚特兄弟不仅先行倡导使用多功能机器以达到量产的目的，而且也是将工业化的指导原则付诸实行的第一人。将产品品质的控制权由技巧纯熟的工匠转移至机器本身，专为这个目的而设计的工业流程，其最早的实例正是怀亚特的工厂。

⚙ 螺丝塑型人用的心轴、怀亚特兄弟的螺丝制造机，两者均属简单的转动车床。在车床上，坯料（或称"工件"）绕着一根转轴旋转，有点像是陶工制陶用的陶钧。然而，陶工是借着在转动的陶钧上堆积黏土来创造出形状，车床工却是用去除原料的方式来塑型。当坯料转动时，一只尖锐的刀具被送至坯料表面，根据所需的形状割除不平均的部位，直到各处与轴心的距离相等。车床是件古老的工具，而且似乎是在欧洲发明的，因为现存最早的车床作品是来自公元前8世纪伊特鲁里亚文明的一只碗，以及在上巴伐利亚发现的公元前6世纪的碗。[2] 尽管这些木制物件绝对是以车削方式制成的，但是关于车床本身的资料却完全付之阙如。车削的技巧最后终于传至其余的地中海区域，甚至还在埃及

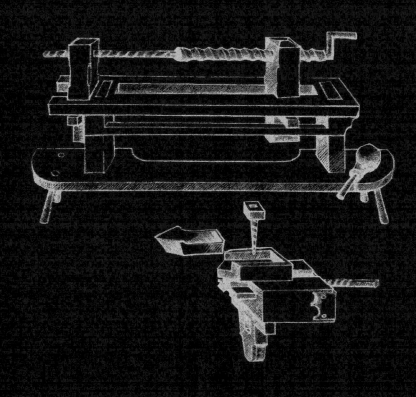

沃尔夫埃格城堡《中世纪居家书》中的螺丝切割车床。约 1475 至 1490 年。

一座坟墙的浮雕上发现了关于车床的最早描绘，时间为公元前 3 世纪。图中所车削的物件，似乎是家具的一只脚，垂直架在车床上；车床工的刀具类似一把凿子，他的助手借着拉动一根绕在转轴（又称车床心轴）上的绳索来转动坯料。由于坯料不停地交互旋转，车床工每隔一次转动才下刀一次。

◎　在这幅埃及的浮雕里，车床工和他的助手两个人跪在地上，这让我想起我头一回去印度的时候，看到一位木匠蹲在地板上工作。正如世界可依照衣服有没有纽扣或是吃饭用不用餐具一分为二，工匠同样可分成两种：跪、蹲或坐在地上的工匠，以及在工作台前站着甚至坐着的工匠。古埃及工匠属于前面一类，古罗马工匠则属于后面一类。由于古罗马人发明了刨子，用刨子工作需要一个能固定坯料的平面，第一架木工台遂于此诞生。

◎　虽然中世纪的欧洲人在休息时，经常像东方人一样坐在地板的靠垫上，但他们却是站着工作，这个习惯可能促使 13 世纪的欧洲人发明了所谓的足踏木车床。车床工站在足踏木车床前工作，工件的旋转轴不再是垂直，而是呈水平位置；一条环绕着车床心轴的绳索，一端联结至一块铰接的踏板，另一端则固定在一根状似弯曲钓竿，能保持绳索紧绷的弹性竿子上。车床工以单脚踩动踏板，因而得以空出双手来引导长柄的刀具，将其夹紧在手臂下或架在肩膀上，以增加操作的稳定性。足踏木车床就和埃及的车床一样，前后来回转动。

◉　　这种简单的足踏木车床供木车床工使用了好长一段时间。在英国，实际应用的情况一直延续至 20 世纪早期。然而若要车削金属，尚需更有效的机器，螺丝又在这里扮演了很重要的角色，因为现代车床的祖先事实上原是一具切削螺丝的机器。它是个比怀亚特兄弟的螺丝制造机还要早将近三百年的发明，出现在当初我在弗里克收藏馆中所参考的 15 世纪手稿《中世纪居家书》里。其美丽的图样相当精确。这座车床和足踏木车床大异其趣，由固定于坚固木工台上的重型车床架组成。坯料水平固定于两个可调式支架之间，借着转动一根手摇曲柄的方式旋转。坯料的一端与一支导螺杆联结，随着坯料的转动，导螺杆在一个支架上的螺纹孔内行进，将坯料推入一只箱子里，箱内则有一把刻画螺纹用的尖锐刀具。操作员只需将坯料架在机器上，把带螺纹的支架和刀具箱嵌入定位，调整刀具的切割深度，再摇动曲柄即可。

◉　　《中世纪居家书》中的车床是木制的，但它是一部货真价实的机器工具，换句话说，它是一台由机器而非工匠来控制刀具的工具，[3] 并预备了现代台上车床的诸多特质：两个支架（即今日的主轴台和车床尾座）；能够弹性变更刀具箱、主轴台与车床尾座位置的车床台（现代滑动架的始祖）；可经由皮带传动连接至外界动力来源（如水车）的连续传动；一支旋转的导螺杆，能够以缓循渐进的方式移动坯料；将车床与木工台融为一体的设计以及坚实的架构，以确保其刚性及相当程度的高精确度。

◉　　这座车床的素描，与镣铐、扳转工具及有槽螺丝出现于《中世纪居家书》的同一页手稿中。有槽螺丝的直径由粗变细，显然是用手工锉出来的。这座车床是用来车削长型熟铁螺丝的，后者是扳转工具的一部分。我造访弗里克收藏馆已是数周之前的事了，但我手边仍然保有一份该展览的附图目录，我仔细地审视该车床的素描，试图了解其运作的原理。[4] 其尖锐的刀具想必是用回火钢制成，上面有螺纹，可供车床工调整切割深度。当时要在一根熟铁棍上切出螺纹，一定得来回车上好几次；每车一次，就把坯料拉回，将刀具上紧些，以便切下更深的纹路。整个操作过程就这样不断重复。这是一个漫长的过程，所造出的螺丝却可能相当精确。

⚙　车床的素描中包括一个平放在木工台上的短柄工具。起初我以为那是个凿子或半圆凿之类的东西，可是随着车床确切运作方式的逐渐明朗化，凿子显然在这里插不上脚。《中世纪居家书》的作者很仔细，他的素描通常不会包含不相关的信息，尽管其写作方式相当华美，整本书却都是技术性文件，详细地叙述了各种机器运作的方式以及操作这些机器所必需的工具，以一个纺车的视图为例，其中就包括了几个空线轴。那么，这个神秘的短柄工具到底有什么功能呢？有一天，当我又在为这幅画绞尽脑汁的时候，我发现其钝的一端正和刀具头部的沟槽大小完全一样。当然啦！那不是凿子，而是用来调整刀具的——它是一把螺丝起子。

⚙　我找到了！我找到了第一把螺丝起子。这不是个临时变通的小玩意儿，而是件相当精致的工具：从便于掌握的梨形木柄，到金属刃部与木柄相接处的金属套圈，一应俱全。

达·芬奇的螺丝切削机。16 世纪前后。

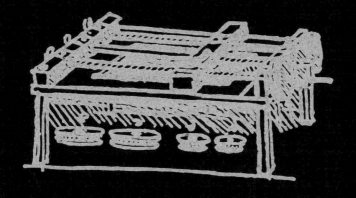

由于《中世纪居家书》写于 15 世纪的后 25 年间，一支发展完熟的螺丝起子，无疑比《百科全书》中所绘的还要早了 300 年。这更证实了我一直怀疑的一点：螺丝起子和螺丝，大约是在同一时期发明的。我对 15 世纪甲胄制造匠及枪炮匠所作的猜测，也与事实相去不远。《中世纪居家书》的车床放在专讲战争科技的一章里，所以螺丝起子很有可能首次出现是在军事工场中，但并非如我假设是在法国，而是在德国。*

———

◎　不知为了什么缘故，《中世纪居家书》中车床的潜力并没有立即受到重视。也许这位不知名的发明家没有为他的车床大肆宣传。就我们所知，《中世纪居家书》原就只有一本，而中世纪的工匠通常对自己的作品都相当藏私。然而，至少达·芬奇知道这个创意车床的存在，因为在 16 世纪早期，他设计了一些螺丝制造机，其中一个与之十分神似。改良是达·芬奇的本性，首先，与其将坯料推向刀具，不如反过来使刀具沿着旋转的坯料移动，就和现代的车床一样；其次，借着使用不同而可互换的构件（他的素描中有四个构件），可使刀具以不同的速度前进。由于坯料是在固定的速度下旋转，如果刀

---

* 螺丝起子在古德文中是 schraubendreher（螺丝转具 screw-turner），原指转动螺丝的技艺，后来指的便是工具本身。

具移动得慢些，制成螺丝的螺距（螺纹间的距离）就小些；如果刀具移动得快些，螺距就大些。因此，同样一台机器能制造出四种不同螺距的螺丝。与达·芬奇许多发明一样，这台非凡的机器是否曾经真正被制造出来，我们并不清楚。

◎　虽然拉梅利就在法国工作，但达·芬奇在法国宫廷所任的工程师一职，却是由设计了数台螺丝切削车床的贝松继任。[5] 贝松的车床相当繁复，以拉动附有配重的绳索来转动，而不是使用曲柄，结果仍有交互转动的老毛病，并产生滑动的现象以及动力的损失。但效率并非贝松最重视的一点，因为他的机器并非为工业劳工设计，而是为有此嗜好的人士设计：在当时，车削已俨如绅士的刺绣，一直到 18 世纪末叶都是相当流行的消遣活动。"已确定的一点是，在当今的欧洲，这项艺术是有智慧有能力的人士最热衷的消遣，"普吕米耶在 1701 年出版的第一篇关于车床的学术论文《车床艺术》中写道，"而且，在消遣和合理的娱乐之间，对那些寻求从事一些真正的运动，以避免过度怠惰引起各种弊病的人而言，这是最受尊重的活动。"[6] 有此嗜好的人会车削各种不同的材料，除了木头，还有兽角、铜、银和金。虽然他们的劳动成果纯粹是装饰性的，他们对机器却一点都不马虎。他们的车床可能是以踏板驱动的台上型；或是具有凸轮及其他装置，能做出繁复形式甚至装饰用螺丝的复杂机器。所谓的扭索车床（guilloching lathe），能够在扁平圆盘如表壳和大奖章上，描绘出复杂的搓绳曲线。路易十六就有一台扭索车床，配有桃花心木制的床台、镀金的铁制调节装置，以及一台涂上青铜颜色、嵌有皇家盾形纹章的刀具架。[7]

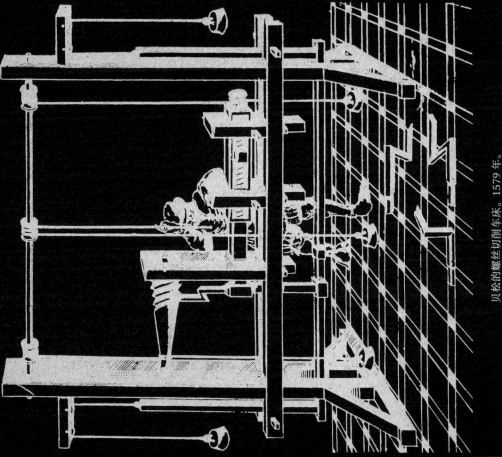

贝松的螺丝切削车床。1579年。

⬢   贵族们用车床来排遣闲散时光，但对其他人而言，精确车工却是桩重要的工作。

1762 年，伦敦一位名叫拉姆斯登的仪器制造者，开始了一项日后彻底改革车床的计划。

1735 年出生于约克郡的拉姆斯登，原本是制布匠学徒，23 岁时，他突然放弃了这一行，

到伦敦为一个数学仪器制造者工作。4 年之后，他自己创业，为了打响知名度，他决定

要解决一项仪器制造的头痛问题：分度尺。细分成标准度量单位的直线尺度是六分仪、

经纬仪和天文观测仪器的关键要素。传统上，分度尺是用手工制作，因而准确度并不高，

而拉姆斯登设计了一台分度机，能够精确地刻画尺上的刻度。

⬢   这台机器采用了准确度异常精微的细螺纹长型调节螺钉。调节螺钉是一般螺丝的远

亲，但要更精细些，通过追踪销或螺帽，将旋转运动转换成细微的水平运动。为确保其

精确度，螺纹必须符合严格的要求：螺距必须保持不变，所有螺芯必须完全平行且同心；

与调节螺帽之间的摩擦力，除了要达到最小，还必须保持稳定。换句话说，这些螺钉得

完美无缺。

⬢   由于当时尚无这样精确的螺丝，拉姆斯登决定要自己动手做。这是个令人望而却步

的难题：怎样用一台有不完美导螺杆的车床，造出一根完美的螺丝。他耐心地生产出一

连串精确度突飞猛进的螺丝，在这过程中，他对车床做出重大的改善措施。当大多数的

仪器制造者仍然在使用木制的足踏车床之时，他造了一台完全用钢制成的台上车床。他

发明了一个三角形的滑动导杆，以提供更高的精确度，他也是使用钻石刀具的第一人。

最后，拉姆斯登终于能够制造出精度据称达四千分之一英寸（约 0.005 厘米）的螺丝。总计花了 11 年时间，他才把他的分度机造好。

✿　拉姆斯登的成就牵连广大：精密的调节螺钉融入各种精密仪器，为科学开辟了新天地，天文学家的工作得以更上层楼，物理学家因为依赖显微镜中的精密调节螺钉，也同样获益匪浅。其他领域的新世界也一一展开。航海仪器中，受拉姆斯登成就影响最大的非六分仪莫属。六分仪内有一个横跨 60 度（六分之一个圆，拉丁文"六"的字根 sextus 即由此而来）的弧状分度尺、一只活动旋臂，以及一具位置固定的望远镜。负责"射日"（shooting the sun）的领航员，在望远镜中对准地平线，然后调整旋臂上的一面镜子，直到他看见太阳的倒影为止；镜子和望远镜之间的角度可以从分度尺中读出，与太阳和地平线之间的角度相当。有了这份数据，再辅以印好的对照表，便能分毫不差地计算出正确的纬度。多亏了拉姆斯登的分度机，在 10 秒纬度，即约 1000 英尺（约 304 米）的精度内确定一艘船的位置成为可能，这样的精准度促成了航海方面的功绩，以及如库克船长这样的探险家们伟大的探索之旅。

———

✿　当怀亚特兄弟在斯塔福德郡筹备其螺丝工厂之际，拉姆斯登正在伦敦从事其螺丝切削车床的工作。这位科学仪器制造者的精密机器和粗陋的工厂车床一样，用的是调节螺拉姆斯登的精密螺丝切削车床。1777 年。

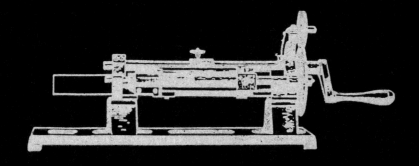

钉，但两者却存在于两个迥然不同的领域。然而，由于莫兹利的发明天才，这两个领域得以在不久之后相遇。莫兹利 1771 年出生于卑微的环境中，曾在伦敦附近的伍尔维奇皇家兵工厂做铁匠学徒。一向很有金工天分的莫兹利，引起了名制造商暨发明家布喇马的注意。布喇马正在找人为他的最新发明（一个撬不开的银行锁）制作原型，这个结合了许多齿轮换向器的设计由于太过复杂，连他自己手下经验丰富的工匠都被难倒了。当时年仅 18 岁的莫兹利不仅成功做出原型，就连其生产商业化所需的工具和机器，也是他自己设计和制造出来的。[*]

这位魁梧的年轻铁匠是个机械奇才，就像某些人天生就有下棋或拉小提琴的禀赋一样，莫兹利能将金属塑形的巧手和精准度也让同业惊叹不已。除此之外，他还能凭直觉找出机械问题的解决办法。举例而言，在为布喇马制造车床时，莫兹利发明了滑动架，那是一根完全笔直的杆子，用来支撑活动刀具架。虽然达·芬奇曾就类似的设备提出建议，却从没有人真正付诸实行。滑动架的重要性实在不容小觑，在其之前的车床，车床工需用手来引导刀具的走向，滑动架的出现，让刀具得以顺畅而精确地沿着旋转坯料的长度移动。一开始大家瞧不起这项装置，还给它取了个"莫兹利学步车"的诨号，但它

---

[*] 这个展示于布喇马陈列窗的原型锁，50 年内无人能将其撬开。最后，一位美国锁匠终于将之破解——花了 16 天的时间。

的表现相当成功，以至于不久后人人竞相仿制（莫兹利鲜少为自己的发明申请专利）。

◆ 　在布喇马手下待了 8 年并升到工头的职位后，莫兹利决定自立门户，他接下的头一件委托是为一位艺术家制造金属画架。在为客户的订单忙碌之际，他继续尝试改善精密车床。第一项突破是一架结合了一根长达一米的调节螺钉，用来切削长螺钉的车床。在其后来的版本中，他再一次追随达·芬奇的脚步，加上了可互换的构件，以便制造各种不同直径和螺距的螺丝。

◆ 　由于他在陈列窗中展示的一根精密调节螺钉，莫兹利遇上了一位杰出的法国人：布鲁内尔。拥护波旁王朝的布鲁内尔逃离了法国大革命来到美国，曾在纽约从事工程师和建筑师工作，当时已定居伦敦。这位多产的发明家暨前海军官员，和英国海军有个制造船用木质滑轮的合作计划，需要有人为他做出原型机器，以便示范并证明其过程的实用性。借着莫兹利的帮助，布鲁内尔赢得了这份合约。其位于朴次茅斯的工厂，拥有 44 台莫兹利的机器，共花了 6 年的时间才盖好，这是世界上完全机器化生产线的先例。10 名员工每年的生产量为 16 万只滑轮，即英国海军每年的总需求量。

◆ 　莫兹利和布鲁内尔又合作进行另一项事业。1825 年间，布鲁内尔接受委托，要在泰晤士河底开凿一条 360 米长的隧道。在此之前的隧道都只有临时性的支柱，但布鲁内尔发明了一种可延伸且防水的铸铁掩护盾，能在进行挖掘的同时，比工程进度先行移到前头，而莫兹利为他制造出了这项设备。莫兹利的工厂也生产各种专门的机器，供印刷、

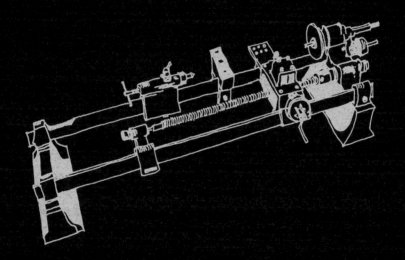

莫兹利的第一台螺丝切削车床。约 1797 年。

打压和造币之用。他发明了一台在锅炉板上打洞的机器（原本是纯手工打洞），大幅提升了铆接的速度。他最有名的代表作是其首创的船用蒸汽机，在他一生中起码曾为 40 艘船只装配了该蒸汽机。当布鲁内尔的儿子——同样是工程师的伊桑巴德·布鲁内尔，建造第一艘横渡大西洋的蒸汽轮船"伟大西方号"时，那台全球最大，拥有 750 马力的引擎，便是由莫兹利的公司（莫兹利之子经营）所制造。

✪　莫兹利的工厂之所以能够成功，关键因素在于精密机床。《中世纪居家书》里的车床，结合了滑动架的早期版本；达·芬奇发明了活动刀具和可互换的构件；而普吕米耶描述了完全由金属制成的车床。18 世纪，车床迎来多项改进：1710 年，一个瑞典人造了一台车床，供精确切削铁螺钉之用；50 年后，一个法国人为工业车床加上了横动溜板；1796 年左右，一位来自罗得岛的机匠为螺丝切削造了一台先进的车床；接下来，当然就是拉姆斯登为精密螺丝切削提供了一个引人注目的例子。然而，莫兹利才是将这些特质全部结合起来，灌入一台能大规模从事精密工作的车床的人，由此，他制造出了工业时代最根本的工具。

✪　莫兹利车床的核心，是一根极度精确的调节螺钉。他造了一台能在软金属（如锡和黄铜）上切出任何螺距的机器，然后利用这些导螺杆来制造以硬钢为材质的调节螺钉。"这项美丽且真正别出心裁的精心设计，在这位发明家的手中变成了许多完美螺丝的始祖，而这些螺丝的后裔，不论是嫡亲还是庶出，在全世界每个建造一流机器的工厂中都找得到。"一位同时代的人写道。[8]了解精密机床的深远影响相当重要，这不单是取代人工的问题，举例来说，人手就是造不出蒸汽机，因为汽缸和活塞杆要求的是全新的完美标准。精密度开启了通往机械世界的道路。

⬡　每逢星期日，莫兹利会巡视他安静的工厂，检查正在进行的工作。一手拿着粉笔的他，会直接将评语写在手下技工的工作台上。他尤其爱单独挑出机械精密度方面的例子，不论正反都有。精密度的理想境界可能是莫兹利最伟大的发明。他曾做出一根制造科学仪器用的调节螺钉，长达 5 英尺（约 1.5 米）、直径 2 英寸（约 5 厘米），螺身每 1 英寸（约 2.54 厘米）有 50 条螺纹。他为自己做了一把测微计，上有一枚 16 英寸（约 40.64 厘米）长的螺丝，测量精度可达百万分之一英寸（0.0254 微米），莫兹利的雇员将之当作尺寸测量的最高标准，昵称其为"大法官阁下"。他为每名工人提供一块完全平坦的钢板，好让进行中的工作得以不时置于其上，检查尺寸是否准确。据莫兹利的助手之一所言，这些由手工锉刮出来的钢板，平滑的程度到了"叠放在一起时，它们会漂浮于彼此间的薄空气层之上，直到时间和压力将这层空气驱走。当这些钢板紧密贴合时，将之分离的唯一方法，是让它们自彼此滑开。"[9]

⬡　莫兹利也首倡螺丝的统一。出乎意料的是，这在当时是个相当激进的点子，在此之前，每个螺帽和螺栓都是以独一无二的配对制造出来的。"任何发生在它们之间的混合，均导致无尽的麻烦和花费，以及低效率和混淆，"他的一位员工表示，"特别是在必须拆开修理复杂机器的零件的时候。" [10] 莫兹利在他的工厂中采用标准化的螺丝攻和螺纹模，以便制造出尺寸品种有限的螺帽和螺栓，这样一来，任何一个螺帽都能与相同尺寸的其他螺栓配合。这给了他的学生惠特沃思灵感，在 1841 年，惠特沃思提议制定全国性的螺纹标准，这项标准最终被全英国的制造商采用。[*]

⬡　惠特沃思是继莫兹利之后，英国又一位伟大的机械发明家。但和莫兹利不同的是，他的本业为制造商，却也应顾客要求制作专门的机床。从他工厂出来的机床享誉全球，不但具备多种功能，性能可靠，定价合理，还相当美观。制造出第一台精密车床，需要像莫兹利这样有机械天赋且才华横溢的工匠；但幸亏有惠特沃思于曼彻斯特工厂出产的机器，之后任何一间设备齐全的工厂都能够依照规则达到类似的精确度。由此，莫兹利当初为自己设下的高标准，已成了全球适用的法则。

⬡　莫兹利于 1831 年去世，他被埋葬在自己设计的一个铸铁坟墓中。碑文上对他的描述是："一位异常杰出的工程师，擅长数学上的精确度和结构的美感。" [11] 说得一点也不错，但他的一位老下属则提供了一则更动人的墓志铭："看他操作任何一种工具都是一件赏心乐事，而他手操一把 18 英寸（约 46 厘米）锉刀的景象，更是令人叹为观止。" [12]

---

[*] 惠氏螺纹并非国际通用的系统。当美国发展自己的螺丝工业与英国抗衡时，采用了一种略为不同的标准。遵循公制的欧洲大陆，其标准也自成一家。

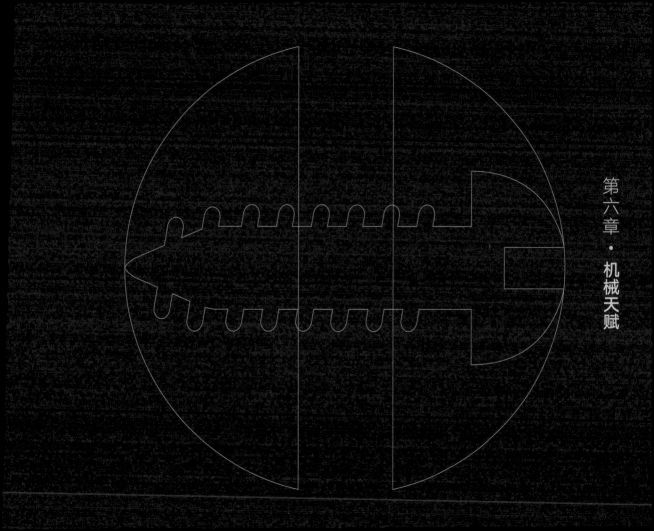

第六章 · 机械天赋

❶ 莫兹利具有人人称赞的机械天赋，他所调教的工人也是，惠特沃思是其中最有名的，其他人包括：克莱门，他受巴比奇之托，制作其有名的差分机，这是一台计算用的机器，即现代电脑的前身；理查德·罗伯茨，其金属龙门刨床的精确度之高，到了可供他制造铁撞球台的地步；莫兹利的私人助理内史密斯，他后来发明了汽锤和打桩机。和他们的雇主一样，这些人通常来自普通的家庭：惠特沃思是教师之子，克莱门的父亲是织布工，罗伯茨的父亲是鞋匠。除此之外，他们并非在都市中长大，而是在小而偏僻的村落或乡镇中成长，对工程的接触几近乎零，他们通常在绕了一个大圈子之后，才找到自己的职业。莫兹利自己原本是木匠学徒，罗伯茨一开始是个采石工人，克莱门则是石板瓦匠的助手。尽管有着这样卑微的开始，他们却都被机器的世界吸引了。

❶ "我第一次尝试制作蒸汽机，是在 15 岁的时候，" 内史密斯告诉他的传记作者，"我那时做了一台真正可用的蒸汽机，有直径 1.75 英寸（约 4.45 厘米）的汽缸，以及 8 英寸（约 20.32 厘米）的冲程；它不但能正常操作，还真的做了些有用的活儿，因为我用它来研磨家父绘画所需的油彩。"[1] 内史密斯的家庭背景和他的同事不同，他在大城市爱丁堡的一个富裕之家出生，父亲是有名的苏格兰风景画家亚历山大·内史密斯。内史密斯在爱丁堡高中上课，后至艺术学校及大学就读。

❶ 在空闲时，他继续蒸汽机方面的实验，在卧房中铸造零件，流连于机器工厂。当时的市政当局正在斟酌考量是否该让蒸汽机发动的客车在公路上行驶，而内史密斯因为造

了一辆八人座的客车，在当地有点小小的名气。这时距离斯蒂芬森造出第一辆蒸汽机车已过了 20 年以上，但对一个不满 20 岁，无师自通的年轻人而言，这仍然是一项了不起的成就。最后，在下决心从事机械工程方面的职业之后，内史密斯决定在有名的莫兹利手下当学徒。他长途跋涉至伦敦，带着他的蒸汽机工作模型，来到大人物莫兹利面前。早已不收学生的莫兹利，花了 20 分钟审视那具制作完美的引擎，收了这位年轻人做他的私人助理。

◑　莫兹利在内史密斯身上看到这些人的共同特点：对机械结构与生俱来的热爱，天生具有的金工方面的才能，以及最重要的——对精密度的热忱。精密度是个绝对的标准。以莫兹利为例，他所制造的调节螺钉的精确度，远超当时的工业要求；惠特沃思为自己所造的测微计，测量精度达百万分之一英寸（0.0254 微米）。这些人虽然名义上叫作工程师，但这个称呼实在不够分量。首先，他们在未知的领域里工作，不管是发明才能还是技术上的熟练，都属必备条件，他们不仅仅是在为传统的工艺方法设计替代品，而且是在发明精确度超乎人类想象的工具。其次，这些人同时也是技巧炉火纯青的工匠。事实上，能够用双手造出他们心中真正的构想，是他们的成就中不可或缺的一部分。"发明东西是一回事，"布鲁内尔表示，"让发明结果能够真正运作，则是另一回事。"[2]

◑　喜欢钢和铁是一种天分，就像音乐家拥有完美的音感，这些工程师也和艺术家一样，有着独立自主的精神。克莱门有一回接到一张来自美国的订单，要他"以最好的方式"

造出一根大型调节螺钉。他制造出一个精确度无与伦比的物件，然后向震惊的客户递上一张索价数百英镑的账单，而该客户原本预计费用不会超过 20 英镑（这件官司后来诉诸仲裁，美国方败诉）。在另一个案例里，负责建造"伟大西方铁道"的伊桑巴德·布鲁内尔，委托克莱门设计一只声音刺耳的火车汽笛。对原型十分满意的伊桑巴德遂下了一只汽笛的订单，后来他同样震惊于其价格之高，并宣称这价码是他以前所买汽笛的六倍。"我的索价或许是人家的六倍，"克莱门回答，"但我的汽笛也比别人的好六倍以上。你订购的既然是第一流物品，就必须心甘情愿地为之付出代价。"[3] 克莱门也赢了这宗官司。

◖◗ 机械天才并不像艺术天才般有很多人了解或研究，但两者肯定是相似的。"发明不正是科学之诗？"法国蒸汽机的先锋巴塔伊问道，"所有的伟大发现，都带有不可磨灭的诗思记号。只有成为诗人之后，才能创造。"[4] 尽管当我们听到有人说就算塞尚没有出生仍会有人创造出类似画作时，免不了嗤之以鼻，但对于新科技的出现是无可避免的或至少是时势必然的这番说辞，我们却能够欣然接受。我在这一趟千年最佳工具的探索之中，有了不同的看法：一些工具的发展，是对一个特别恼人问题的直接回应，如古罗马的框锯或套节铁锤等均是现成的例子，毫无疑问，这类设计迟早都会出现；但诸如曲柄木钻或中世纪台上车床此类的工具突然而"神秘"的出现，则不是"时势必然"一词就能解释的。这类工具是个体创造想象力飞跃的结果，它们是才华横溢且有发明创造才能的人对看似复杂实则诗意盎然的机械关系的直觉感受下的产物。

————

❶ 螺丝起子则几乎没有诗意可言。火枪兵的扳钳和甲胄工匠的尖手钳改良后纳入一只螺丝起子的务实方式，或是螺丝起子头与曲柄木钻的随意组合，都暗示着一种权宜之计，而非用心的发明。然而，螺丝本身却是完全不同的另一回事。很难想象，一个枪炮匠或甲胄制造匠（更别提乡村铁匠），仅凭其充沛的灵感，就能碰巧发明出螺丝。螺丝的螺纹是一种特别复杂的立体形状，经常被误称为螺线（spiral）。但事实上，螺线是一条绕着一个固定点缠绕，半径不断增加的曲线：时钟的游丝便为螺线形；大帆船的甲板上，一条整齐盘好的绳索也是螺线。而螺旋线（helix）是一条以不变的倾斜角度绕着圆柱卷曲的立体曲线，一般所谓的螺旋式楼梯和用于活页装订的螺旋线圈，两者均是螺旋线的应用实例，螺丝当然也不例外。

❶ 在大自然中，螺旋线以藤蔓的形式存在，并在一些海贝中出现。* 但要发明一枚螺丝，则需要某些相当特别的才能。首先，要有一位熟练的数学家来描述螺旋线的几何性质；其次，他（或其他人）得找到理论数学与实际动力学之间的关系，才能为这样一个

————————————

* 螺丝的拉丁文是 cochlea，即希腊文"蜗牛"或"蜗牛壳"的意思。藤蔓的拉丁文是 vitis，也就是法文螺丝 vis 的词根，亦即英文夹钳 vise 的起源。

不寻常的物件，凭空想象出一个用途来；最后，才是如何能够真正造出一枚螺丝的问题。

◑ 不管建造《中世纪居家书》中车床的人是谁，他解决了如何制造螺丝的问题，却并未发明螺丝本身。一般人对螺丝原理的了解，要早于 15 世纪。根据《牛津英语词典》，螺丝（screw）一词的用法，最早的文件记录在 1404 年，出现在一份账单上："又嵌槽刨（rabitstoke）一只，附带螺丝（scrwes）二枚。"（螺丝在当时的拼法尚有 skrew、skrue、scrue 等。）我得知所谓的嵌槽刨，是用来刨修复杂沟槽（或称嵌槽 rabbet）的刨子；而那两根固定住调整式栅栏的木螺钉，则是整个工具的一部分。[5] 在当时，小型的木螺钉也用来制作台钳和各种夹钳，大型的木螺钉则用来调整大炮的垂直与水平角度。

◑ 螺丝在中世纪最著名的用途是印刷机。谷登堡在 15 世纪中期的活字印刷术发明中，扮演了相当重要的角色，不幸的是，关于他的印刷机，目前没有任何叙述流传下来。已知最早的印刷机大约出现在谷登堡发明印刷术的 50 年之后，它有一只笨重的木制骨架，上有一个十字件，中间穿过一枚大螺钉。该螺钉通过一支推杆（或称杠杆）转动，将一块木板往下推，进而将纸张压向沾有墨水的铅字。

◑ 中世纪的印刷机可能改良自造纸用的压纸机，因两者十分近似：一沓沓的潮湿纸张，与层层的毛毡交互重叠后，夹在两块板子中间挤干。但可能还有其他范本存在，因为压床在中世纪时有许多不同的应用：压布机，赋予新织布料平坦而有光泽的表面，在每个大家庭都找得到；橄榄和葡萄压榨机，用来榨橄榄油和葡萄酒；苹果榨汁机，用来榨苹

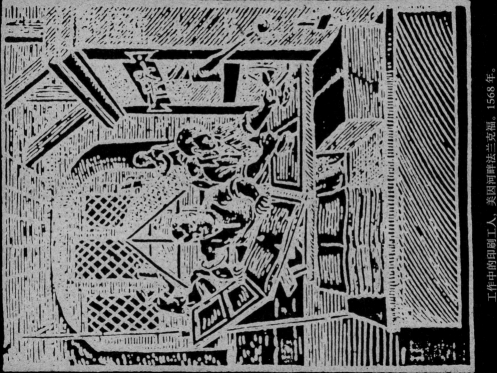

工作中的印刷工人，美因河畔法兰克福。1568年。

中世纪的压纸机。

古罗马的压布机，来自一幅在庞贝发现的壁画。

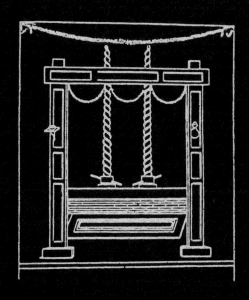

果汁；榨籽机，自油菜籽和亚麻仁中榨油。这些压榨机都利用一根垂直的螺丝转动，以便能向下施加压力。

❶　印刷机和压纸机是中世纪的设备，但压布机自古罗马时代就有人使用了。一幅庞贝壁画中的压布机，有着沉重的木制架构以及两根（而非一根）螺钉。橄榄和葡萄压榨机的起源也相当古老，生于公元前 1 世纪的古罗马建筑师维特鲁威，在《建筑十书》里便提到了橄榄压榨机。在描写农舍规划的一段文字中，他描述了一间压榨橄榄制油的"压榨室"，说这房间的长度应该不短于 40 英尺（约 12 米），以便容纳传统的横梁式压榨机；但他又加注，如果压榨机是以"转动螺钉"的方式运作，则不需要这么大的房间。[6]

❶　螺旋压力机的发现，在普利尼于公元 66 年出版的《自然史》中有详细的记载。普利尼将这项发明归功于希罗。希罗是位数学家（他推导出了计算三角形面积的公式），但就和大多数的古代数学家一样，他也对机械深感兴趣。根据普利尼的说法，希罗对压榨机的实验，始于尝试改进传统的横梁式压榨机。横梁式压榨机有一根长长的木梁，梁的末端插入墙上的一个凹穴中。把横梁抬高后，将一袋浸软了的橄榄果肉置于其下，好比巨形胡桃钳下的一枚坚果；然后借着绕在鼓轮上的一条绳索，将横梁拉下来。为了摆脱笨拙的绳子，希罗在梁中嵌入一根大型的木螺钉，使之在地板和天花板上两头固定。在旋转螺帽之际，便可强迫横梁往下移动。这样的方法固然有效，但希罗发现螺帽却常有卡住的倾向，于是他决定采取不同的策略：将一块沉重的大石头附在螺丝的底部，这样一

来，每当螺丝转动时便会抬高大石，而大石的重量又可使横梁下移。"当你把石头吊起来任它自处之后，"希罗写道，"你无须重复按压数次，木梁便能够自行加压。"[7]

◐　普利尼表示，这种加上配重的横梁式压榨机"享誉甚多"。不过，为了拉"下"一根梁而拉"上"一个重物，一点都谈不上优雅，所以希罗并不满意。与其把重物拉高，他自问，不如改用螺丝来往下推，结果会如何呢？如果同时再把木梁整个淘汰掉，又会怎样呢？因此希罗发明了直接螺旋压榨机，也就是印刷机的老祖宗。事实上，他的机器和后来的压榨机几乎完全相同。"我们在机台上固定两根直立的支柱，"希罗详细而明白地描述道，"这些支柱扛着十字件……螺钉孔应该位于十字件中间。螺钉穿过该孔，以推杆转动，直至螺丝抵达'加里亚格拉'（galeagra，盛果实用的箱子）上方的盖子为止，向其施压，便可使果汁流出。"[*][8]

◐　下栓式螺旋压榨机是件不可思议的发明，不仅因为它既简单又小巧，也因为它能造成巨大的压力。下压力是螺距与推杆画出的圆周长之比的直接函数，举例而言，假设一台如希罗所述的压榨机，其大型螺钉的螺距为 2.5 厘米，而以长 90 厘米的推杆转动（推杆画出的周长为 565.2 厘米，螺距与其之比则为 2.5：565.2）；如果有人在推杆上施以

转动世界的
小发明
102

* 橄榄压榨机和葡萄压榨机的科学原理完全相同。

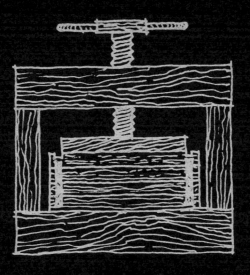

希罗的直接螺旋压榨机。

18 公斤的力道，那么橄榄果肉所承受的压力，将大于 4000 公斤。仅凭一人，在没有动物或水力协助的情况下工作，就能够使出这样的力道，这是史无前例的。

—

◐ 希罗常常在许多他发明的机器中，并入一个普通的机械装置，古希腊人称之为"无限螺杆"，现今的名称则为"蜗杆副"。蜗杆副是长螺钉（蜗杆）和齿轮（蜗轮）的组合，蜗杆每旋转一次，便使蜗轮前进一段极小的距离。其机械效益与蜗杆的螺距以及蜗轮的齿数有关。希罗在他的路程表（或"量路器"）中纳入数支无限螺杆；这个仪器固定在一个搬运车上方，当车轴推动一系列的无限螺杆，螺杆每隔一段预设的距离就将一颗小石头释放到一个箱子里。测量员只需数一数石子的数目，就能计算出行走的距离。希罗也发明了后来成为经纬仪前身的测量仪，将这个仪器立在三脚架或台座上之后，测量员眯着眼睛自瞄准器看下去，利用两根当作调节螺钉的蜗轮来调整水平和垂直方位。

◐ 古代蜗轮所用的螺丝通常是青铜做的，压榨机用的螺丝则是木制的。制作这两种螺丝，都是先在圆柱体或棍杆上描绘出螺旋线，再以手工刻出螺纹；所用的模板是呈直角三角形的软金属板。根据古代的说明，将该三角形环绕棍杆，使其直角的一边与杆轴平行，三角形的斜边便会自动将螺旋线描在棍杆上。[9] 我想象不出来这样的情形，便决定用三角形纸片和扫帚柄来试试。当我用三角形纸片将棍子包好之后，纸张的边缘真的形成一组蜗杆副。

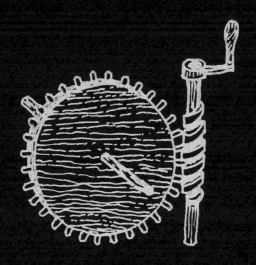

用直角三角形描出螺旋线。

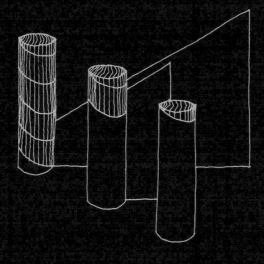

了一条漂亮的螺旋线。问题是，要将之描下而不切透纸片，根本是件不可能的事，而说明上清楚地表示，模板是可以再用的。于是我发现，我不应该从三角形的垂直边开始包裹扫帚柄，如果我先从三角尖开始，就可以在将纸片揭开的同时，一段一段地描出斜边。

❶　另一个应用螺丝的古希腊设备，叫作"乌龟"（tortoise）。乌龟是用一块木头做成的简陋螺帽，钻出的光滑孔壁上有一根铁或铜制的栓子，叫作"泰洛丝"（tylos）。螺丝进入孔中后，随着泰洛丝与旋转螺纹啮合，乌龟便沿着旋转的螺丝"爬行"。据说乌龟源自一座接骨的装置，为公元前 3 世纪一位医师安德烈亚斯的发明。这个外形酷似拷问台的机器，利用乌龟来逐渐拉扯用来伸展伤肢的套绳。乌龟也用于调节式接生仪器，如产钳和产道扩张器等。[10]

❶　由于泰洛丝和螺丝螺纹之间摩擦力太大，无法让人使出多少力量，所以乌龟只能用在相当小的设备上。希罗横梁式压榨机上的巨型螺钉，如果是用泰洛丝的话，非卡死不可。他需要用一个完全不同的方法来使螺丝啮合。在考虑这个问题之际，希罗又有了个重大的发现：（阳性的）螺丝有个（阴性的）配对物——螺帽。我们不清楚他究竟是如何达成这项突破的。也许他试过几根栓子之后，直觉到该使用连续不断的阴螺纹；也许他是用数学方法想出了这个解决之道；又或者这是他的灵光一现？一旦他有了这个想法，制造螺帽便是件相当简单的事了：他利用一把罗马式木螺钻，在一个木块上钻孔，将木块一分为二后刻出阴螺纹，再把木件合起来。

❶ 但是关于下栓式螺旋压榨机，希罗得想个法子在孔中切削螺纹，并同时保持笨重横梁的完整。这是项挑战，而希罗丝毫不曾气馁，就我们所知，他发明了世界上第一具螺丝攻。这是一个内部包含木制导螺杆的箱子，由数只泰洛丝引导，导螺杆的尖端配有铁制的刀具。当箱子牢牢固定于钻好孔的木块上之后，转动导螺杆，刀具便降入孔中。"然后我们就将之转动，直到它进入木板，而我们继续将之上下转动，并不断地打击楔块，直到切出具有我们所需要沟槽的阴螺纹为止，"希罗指示道，"如此一来，我们便制出了阴螺纹。"[11] 1932 年，丹麦历史学家德拉克曼遵循希罗详细的文字叙述，画了一幅螺丝攻的素描。当一位同事质疑该设备的实用性，并声称它乃"技术上不可能"的时候，这位大无畏的丹麦人遂造了一座工作模型，成功地在一块山毛榉木板上，切出 5 厘米深的螺纹孔。[12]

❶ 我们有文字证据显示，古罗马人在铁及木材上使用螺丝攻。生于公元 1 世纪的犹太历史学家约瑟夫斯提到了位于耶路撒冷的圣殿，并描述了用来强化支柱，长达 8.5 英尺（约 2.59 米）的铁制系杆："各杆的头部，借由以螺丝形式巧妙制成的套节，进入下一杆中。"后来，他更进一步详细说明："它们由这些套节固定，阳性套节配入阴性套节中。"[13] 这些阴性套节铁定具有螺纹。古希腊最后的数学巨匠之一，生于 4 世纪的帕普斯写道："螺丝的构造，是一个具有一条螺旋线且螺纹歪斜的圆筒螺身，使之能接入'另一个'（加强语气）。"他指的可能是螺帽和螺栓。[14] 维特鲁威说的就清楚易懂得

希罗的螺丝攻。

多，在描述形似 A 型架的古罗马三饼滑车（trispast）时，他说两根木材"经由一根螺栓，将上端一并固定"[15]。奇怪的是，螺帽和螺栓的考古学证据十分薄弱，事实上，目前仅有一枚自古罗马时代流传下来的螺帽。这件在波恩省立博物馆展示的古物，以熟铁制成，大小约 3 厘米见方，有个直径约 1 厘米的螺纹孔。这枚螺帽于 19 世纪 90 年代在德国一个要塞营地遗址随着一批年份介于 180 年与 260 年之间的罗马遗迹出土。[16]当时没有发现任何螺栓。

◑　如果在当时，螺帽和螺栓只用来装配可拆卸的结构（如维特鲁威所叙述的三饼滑车），那正可解释它们被发现的数量何以如此之少。但有一件事是确定的，尽管古罗马人是十分优秀的铁器工人，甚至还发明了铁钉，他们却从未发现螺栓和螺丝之间的关联。关于古罗马的螺丝和螺丝起子，我们既找不到任何文字叙述，也未曾发现它们的存在。"需要为发明之母"是句古老的罗马谚语。当然啦，古罗马人既没有火绳枪，也没有对接铰链，所以也许他们并不觉得有发展小型有效的紧固件的迫切需要。在另一方面，他们的确有使用风箱，阿格里科拉则指出螺丝胜过铁钉。但世上没有科技准则这回事，螺丝要再过 1400 年才会出现。换言之，要再过 1400 年，才有一位机械诗人能明白，螺旋线能压榨橄榄、伸展断肢及调整勘测仪器，也能被作为一种有螺纹的铁钉来使用。

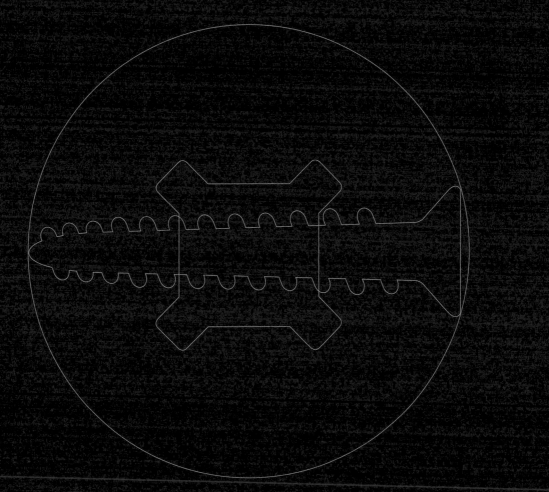

第七章 · 螺丝之父

⊕ 希罗是希腊人。一直以来我都认为，机械专门技术是罗马人的独门领域：他们发明了拱门和圆顶，更别提螺旋钻和刨子了。希腊人则是哲学家和艺术家，我在学生时代去过希腊，爬过雅典卫城，也造访过当地的博物馆，但就和许多人一样，我也曲解了我眼见的事物。"对我们这类文明的诞生，'希腊奇迹'虽具有决定性的影响，但得以流传至今的却太少，以至于我们已习惯对眼前的事物大惊小怪，"耶鲁大学科学史教授普赖斯写道，"古迹保存的高度选择性，使得我们所看到的希腊人的一面，多限于较不易毁坏的建筑石材、雕像、陶瓷，以及钱币和一些坟墓物事等等，这也是博物馆和考古遗址的主要藏品。"[1] 的确，据普赖斯的观点，希腊机械设备的实质证据太过贫乏，因而让大家一直以为希腊人根本没有使用过复杂的机器，甚至认为希罗等作者流传下来的关于机器的文字描述纯属臆测。

⊕ 这样的观念因为一则重大的发现而改变了，和许多考古学的发现一样，它的发生大半是机缘巧合。1900 年，当两艘捕海绵船横渡克里特岛与希腊陆地间的海峡之际，一阵狂风将它们卷离了航道。两艘船在一个杳无人迹的小岛安提基特拉的下风处避难。当暴风雨减弱时，船上的潜水员在这陌生的水域中探险，企图寻得海绵的踪迹，却在海深 42 米处发现了一艘古船的遗迹，周围环绕着四散的青铜和大理石雕像。他们向当局报告这项发现，当局遂组织了一支考古探险队。

⊕ 根据在该处发现的陶器研判，沉船的年份大约在公元前 80 年至公元前 50 年之间。

这艘船似乎是贸易船，自小亚细亚某处——也许是爱琴海上的罗得岛——出发，打算驶往罗马。打捞上来的物品包括许多碎片，两千年来累积的残骸表面早已结上一层厚厚的泥壳。考古学家将这些碎片置于一旁，把注意力放在雕像的修复工作上，修复人员有时会仔细检查残骸，企图找出雕像失落的断片。工作进行了 8 个月之后，在一次搜寻过程中，他们有了一项惊人的发现：一团泥块裂开了，或许是里面的千年古木因暴露于大气而缩小之故。这个分裂的泥块并未显露出雕像的碎片，而是数只镌有文字，受侵蚀而碎裂的青铜圆盘，以及状似齿轮的痕迹。姑且不论这件机械设备是什么东西，它原本盛于一只约 20 厘米长，15 厘米宽，10 厘米厚的木盒中。

❄ 初步的清洁过程显示，这个所谓的安提基特拉装置，是一台有许多联锁齿轮，极端复杂的机器。然而，这些脆弱而受侵蚀的碎片，许多都已结合在一起，上头经年累积的厚重石灰层，更使得准确的重建工程十分不易。一些考古学家猜想这是一座古代的星盘；其他人则认为它太过复杂，不可能是件航海仪器而无疑是某种时钟。由于在伊斯兰国家和中国的天文机器中，齿轮式时钟的最早证据出现于约公元 1000 年之后，对许多学者而言，要假设希腊人在一千多年之前就已经有了这项科技，似乎有点荒诞。[2] 有些人认为，这装置根本一点儿都不古老，必定是后来在同一地点由另一起海难留下的一部分物件。不过，最后一种主张在确定圆盘绝对是以青铜制成以后便无疾而终了，因为只有古代才有人使用青铜，较现代的仪器则以黄铜制作。

❽ 数十年后，随着清洁技巧的改进，专家得以辨认更多镌文，这台装置也得以显露出更多的部分。然而，该装置的用途仍然是个谜团。1959 年，研究安提基特拉装置多时的普赖斯在《科学美国人》发表了一篇题为《古希腊计算机》的封面文章，他猜测该仪器是供计算恒星和行星运动之用，换句话说，它是德唐迪天文钟的古老祖先。[3] 由于第一座已知的机械钟源自 14 世纪，这则论说又一次引起反驳，认为这般纯熟的科技，不可能属于古希腊人，该装置的年份一定要再晚些。1971 年，普赖斯和他来自希腊的同事开始利用伽马射线照相和 X 光照相的最新科技仔细检查碎片，他们辨认出原先隐藏于泥壳内的多层装置。当他们在博物馆的储藏室中找到一片关键的断片时，这个谜题的最后一部分豁然开朗了。

❽ 普赖斯表示：" 该装置就像是一座没有擒纵器的巨型天文钟，或是一台利用机械零件来节省沉闷计算的现代模拟计算机。"[4] 正面的指针盘刻有黄道十二宫，周围有一圈环形刻度盘，用以显示一年的月份；背面的两座指针盘，其中一座有三圈刻度盘，另一座则有四圈，用来指示月球和行星的现象。内部的运动，包括三十只以上联锁齿轮，以销和楔形金属块装配而成，并不用螺丝；这些大多是简单的圆形齿轮，用来传动及变更旋转运动，一只齿轮的三角形齿与另一齿轮啮合。普赖斯也发现了一套更复杂的齿轮，能够调配出两种不同的转速率（太阳的恒星运动以及月亮的圆缺），以创造出所谓朔望月的周期。这事实上是差速齿轮的首个已知实例。汽车车轴上的差速齿轮，将动力分布于驱动

安提基特拉装置内所有齿轮装置之总图。

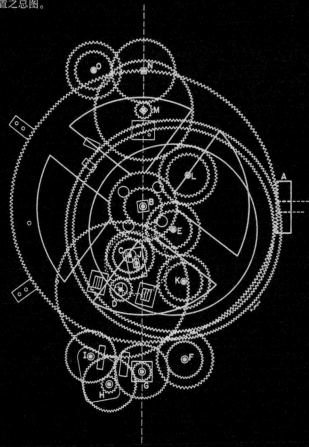

车轮之间，并在汽车转弯之际，使弯道内车轮得以平顺地行走较短的距离。汽车差速齿轮发明于 1827 年，安提基特拉装置内的差速齿轮则制于两千年前。"在古希腊人的伟大文明即将衰亡之前，他们竟然已经如此接近我们的时代，"普赖斯写道，"不仅是在他们的思想方面，连他们的科学技术也是如此。想来着实有些可怕。"[5]

◉　安提基特拉装置是唯一一件自远古流传下来的复杂机械，但我们知道它在当时并非独一无二。于公元前 1 世纪目睹一项"天体仪"展示的西塞罗，曾描述过一件类似的设备："当加卢斯使这颗球开始转动之后，我们发现，这件青铜仪器上的月球，其在太阳背后的转数与在天上的月球一样，因此该球体上也有同样的日食，而月球接着碰上该点，也就是地球的阴影。"这给西塞罗留下深刻的印象："于是我下了定论，那个西西里人的天赋，较人性所能囊括的还多。"[6] "那个西西里人"是阿基米德，天体仪的制造者，他去世的时间距当时已有 150 年左右。阿基米德的天体仪在西洋古文明中相当著名，普鲁塔克和奥维德也曾提到它。甚至在阿基米德死后 800 年，克劳迪安也写了一首诗，提及古罗马主神朱庇特被"一位叙拉古老者的能力"嘲笑了，老者模仿他"复制出天体的法则、自然的可靠性及诸神的法令"[7]。然而，这些作者都不曾提出科技上的细节。我们自古代文献得知，阿基米德著有一篇定名为《论球体制作》的学术论文，但失传已久。普赖斯猜测阿基米德所使用的复杂齿轮系，可能与安提基特拉装置内的类型相同，而这个装置似乎是其天体仪后来的翻版。

⊗　　阿基米德住在叙拉古，西西里岛上的一个富有希腊城邦。他于公元前 287 年左右出生，是一位天文学家之子，年轻时被送到亚历山大城，追随伟大的欧几里得的诸位接班人研习数学，回到叙拉古后则专心致力于科学。他成为西洋古文明最重要的数学家，设计出各种平面及立体几何的证明，其中包括螺线结构的描述。他就平面的平衡撰写了多篇论文，为力学这门科学打下了数学基础。除此之外，阿基米德还独自一人发明了流体静力学，这是物理学的一门分支，专门探讨静止状态及受压下的流体。

　　⊗　　阿基米德曾留下指示，要在他的墓碑上写下他最喜爱的命题：圆柱内切球体体积与圆柱体积之比的计算过程。阿基米德享年 75 岁。150 年之后，当西塞罗任职罗马驻西西里岛总督时，找到了阿基米德的坟墓，发现它疏于整理，遂加以整修。西塞罗较后来的历史学家如狄奥多、李维以及普鲁塔克抢先一步，对阿基米德发生兴趣。当然，他们的书写在事实发生 300 年之后（普鲁塔克的书写则是在 400 年之后），到彼时，所剩的也只有听来的故事了。其中之一与阿基米德的死亡有关：在第二次布匿战争期间，叙拉古遭受罗马军队的攻击，经过为期两年的围城后，终于不敌陷落，根据普鲁塔克所言，战胜的罗马将军马塞勒斯是位业余的数学家，他派遣一名士兵去将阿基米德请来，"也许是命中注定，他（阿基米德）正专心于一个图形的解答过程，聚精会神地盯着他的研究，对于罗马人的入侵或叙拉古的沦陷，他浑然不觉，"普鲁塔克写道，"当一名士兵突然来到他的跟前，要他去见马塞勒斯时，他拒绝在问题得证前从命。那名士兵大怒不已，拔剑杀了阿基米德。"[8]

据说，悔恨不已的马塞勒斯亲自树立了数学家的墓碑，但他也将两座阿基米德的天体仪据为己有，其中之一后来落入天文学家加卢斯手中，西塞罗遂得以一饱眼福。

❈　阿基米德最家喻户晓的故事，和他解答所谓的"王冠问题"有关。叙拉古的国王希伦委托工匠打造一顶纯金的王冠，奉献给诸神。他提供黄金，珠宝匠则在预定时间内交出成品。国王希伦怀疑黄金内掺杂了银，却苦于无法证明。金冠是件圣物，不能有丝毫的损伤，所以不可能以化学药剂测试。既然金匠不肯坦白认罪，国王便求助于阿基米德。数学家仔细考虑了问题，设计了一项简单的实验：他称出王冠的重量，然后将与王冠等重的金银分别浸入装满水的容器中，测量排出的水各为多少。他发现银块较金块的排水量多（银的比重几乎是金的一半）。由于浸入水中的王冠，其排水量较等重金块所排出的水量多，他推论出有银存在，证实王冠的确含有杂质。根据传说，这个浸水实验的点子是阿基米德在公共浴池里跳进浴盆时想出来的。看到洗澡水溢出的刹那，他的心中豁然开朗，"狂喜之余，他跳出浴盆赤身奔回家，"维特鲁威写道，"大声叫道：尤利卡！尤利卡！"（Heurēka，意为"我找到了"。）[9]

❈　普鲁塔克写道，阿基米德"认为仪器的建造既肮脏又微贱，而艺术多是为了使用和获利而生，所以他只致力于与一般生活需要毫无瓜葛的美丽优秀事物"。[10] 但毋庸置疑的一点是，这位数学家也有机械方面的天赋，而且不在希罗或莫兹利之下。阿基米德是出了名的聪明机智和足智多谋。罗马人将一种用各种形状的象牙片拼成正方形的益智游戏

（类似七巧板），命名为"阿基米德小盒"（Loculus Archimedius），以纪念这位数学家。阿基米德的许多实用发明目前仍然有人使用，这些发明清楚反映出他的聪明才智：复式滑车，借着数只槽轮以增加提升力，使单独一人即能高举重物；绞盘是将一条绳索环绕着圆筒，供船上及矿坑中起吊之用的设备；以及天平的祖先，杆秤。

⊗　阿基米德和达·芬奇及拉梅利一样，当过军事工程师。在叙拉古受困时，他奉命建造了各式防御武器，设计了能投掷两百多公斤大石的投石机，以及倾覆船只的复杂水下障碍物，他最有名的武器是一面以反射太阳光而使敌方战船着火的镜子。为了证明这则多姿多彩的传说的确可行，1973 年一位名叫萨卡斯的希腊工程师，为这古代的射线枪做了个可操作版。[11] 他用 70 面镀上青铜的镜子瞄准一块自三合板上锯下，表面涂满沥青的船形板，并模拟古典文学中的叙述，在"一箭之地"（50 米）开外反射阳光，只需几分钟"船"就起火了。

⊗　1981 年，这位令人敬畏的萨卡斯实验了阿基米德的另一项发明——蒸汽炮（architronito）。将此设计归功于阿基米德的达·芬奇在素描簿中展示了一只炮筒，其后膛被加热的火箱包围。当水自贮水器流入白热的炮筒时，所产生的蒸汽将制造出足够的压力射出炮弹。达·芬奇写道："该机器曾将重一塔伦（talent，一塔伦约 9 公斤）的炮弹，射至六斯塔德（stadium，六斯塔德约 900 米）外的距离。"[12] 萨卡斯的比例模型，成功地将一只填满水泥的网球射出了 60 米。[13]

⊗　据普鲁塔克说，在阿基米德写了一篇名为《以已知力移动已知重量》的论文后，国王希伦向数学家下了战书，要他移动一艘满载货物的搁浅船只，以证明他在论文中宣称的任何重量都能被移动的主张。阿基米德把他的装备摆好，将一条绳索系到船上，"然后牵动着船，平稳得好像这艘船就浮在水面上似的，而他却没有出多少力，只是在远方坐着"[14]。这就是他的名言"只要给我一个立足点，我就能移动地球"[15]的来历。阿基米德如何移动一艘重达 76 吨的船？根据普鲁塔克所言，这项任务是靠复式滑车达成的；拜占庭的一位历史学者曾提及一段关于三轮滑车的描述；而希腊历史学家阿忒那奥斯则记录阿基米德用的是一根无限螺杆。德拉克曼提议，即使假设这些机器联合起来移动了船，也并非没有道理。根据他的计算，以一组无限螺杆带动的绞盘来拉动的五轮滑车，其机械效益应为 125000∶1；[16] 也就是说，绳上 1 公斤的力道，可转换成 125 吨的拉力。德拉克曼认为，就算是加上了摩擦力的损耗，阿基米德单独一人（这是每种说法都同意的一点），也能在短距离外轻易地移动重船。

⊗　是谁发明无限螺杆的呢？有些历史学家将之归功于阿尔库塔斯，他是位毕达哥拉斯学派的哲学家，活动时间与柏拉图相当，约为公元前 400 年；有些人指向佩尔格的阿波罗尼奥斯，一位与阿基米德同时代的后辈。[17] 德拉克曼则主张是阿基米德，除了以阿忒那奥斯所述移船的故事为证之外，他还引述了希腊学者欧斯塔修斯的文字："螺丝也是一种机器的名称，由阿基米德率先发明。"[18]

○　由于阿基米德的名字和另一种螺丝（水螺丝，一种提高水位的设备）也有关联，这使得德拉克曼的主张越发讲得通。水螺丝主体是一根直径约 30 厘米、长 3 至 4.5 厘米，装入防水木管中的巨大螺钉。两端开放的木管以低角度倾斜安装，下端则没入水中。当一人在木管外周的防滑钉上行走，进而带动整个装备旋转之际，由木管下端进入的水，便由螺丝的螺旋形分隔（也就是螺纹）向上移动，而自顶端浮现。水螺丝的转动速度缓慢，能力却相当大（角度越低，流动量便越大），有人估计它的机械效率可高达 60%，与后来提升水位的装置如水车及水桶运送带相比，它还略胜一筹。[19] *

○　水螺丝最早的记载，出现于公元前 2 世纪，众学者均将这项发明归功于阿基米德。据狄奥多记载，阿基米德发明水螺丝时，还是个在亚历山大城求学的年轻人。[20] 这点很合理。这个装备对于埃及的农业灌溉而言非常理想，水螺丝和大水车不同，它能够轻易地随处移动；它所提升的水位并不高，但应付平坦的三角洲却绰绰有余；而其没有活动零件的简单设计，能抵抗淤泥充塞的尼罗河河水引起的堵塞。

○　水螺丝的科技应用，由埃及散布至地中海各地。水螺丝用于灌溉，但也有其他的应用，据说阿基米德曾经利用水螺丝，倒光了国王希伦一艘大船底部的污水。古罗马人也

---

* 阿基米德螺丝一直沿用至今。在现代的螺旋运送机中，螺丝在圆柱中旋转；在古代的版本里，则是整个圆柱旋转。

阿基米德螺丝，来自维特鲁威后来所著的《建筑十书》。公元前 1 世纪。

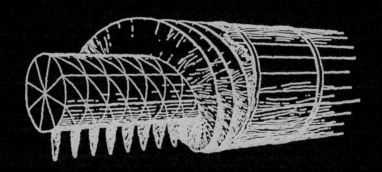

利用水螺丝，提升市政给水系统的水位，以及为矿坑抽水。20 世纪早期，在古罗马位于西班牙的铜矿中发现了一些保存完善的木制水螺丝。[21] 这些长达 3.5 米、直径约 30 厘米的管子，以涂有沥青的布料包裹，并以绳索巩固；在其内部，螺旋形的分隔则以压成薄片的木板制成，胶着后以铜钉固定。四根像这样的水螺丝联合起来，能将水位垂直提升约 6 米的高度。狄奥多描述："借着不断地轮流打水，它们将水自矿坑口吐出，从而排干矿坑中的水。由于这件工具的设计是如此别出心裁，大量的水得以奇妙而不费吹灰之力地射出。"[22]

✪　狄奥多自从将水螺丝与其他提升水位的古老设备，如复杂的水桶运送带和水车等相比较之后，便对水螺丝的简明和有效印象深刻。鼓形水车是一种相当普通的水车，为一只直径 3 米至 4.5 米的大型中空轮，里头分隔成八个饼形的隔间。随着水车转动，水流进位置最低且没入水中的隔间；而当该隔间转动到最高位置时，水便自其流出。有人提议说，鼓形水车很可能是阿基米德灵感的来源。[23] 实际上，如果把鼓形水车的形状拉长一点，并使其沿着中轴旋转，它便会产生一条圆柱螺旋线。这种三维外推法虽然一点儿都不显然，但对一位熟练的数学家而言，却非难事。将水螺丝的发明归于阿基米德的假设，还有另一则有趣事实可供佐证。在所有的希腊及拉丁文学中，唯一一处关于水螺丝的详细叙述（作者是维特鲁威），明确地描述了一根具有"八个"螺旋形隔间的水螺丝，而如果水螺丝是自鼓形水车得到灵感，就正该是这个数字。[24] 维特鲁威描述的应该是最早的水螺丝，后来的古罗马工程师，一旦发现八个隔间并没有任何的机械效益，还增添不少成本时，便将隔间数目降低至二或三个。

❂　不论阿基米德的灵感是否来自鼓形水车，水螺丝都是由于人类的想象力才得以实现的又一则机械发明实例，和科技演进无关。想象力是个善变的东西，以古代的中国人为例，他们并不知道水螺丝的存在，事实上他们连螺丝都没听过，螺丝是他们不曾自行发明的唯一一项机械装置。[25] 另一方面，当古罗马人发明木螺钻时，他们已经知道螺丝的存在，却从未了解相同的原理可以解决一则重大的钻孔问题：深孔极易被木屑堵塞，然而一直到 19 世纪早期，所谓的螺旋钻才得以发明，随着钻锥的转动，螺旋状的钻柄会自行清除木屑。

❂　水螺丝不仅是一台简单而别出心裁的机器，就我们所知，它也是人类历史上首度登场的螺旋线。螺丝的发现代表一种奇迹：只有像阿基米德这样的数学天才，才能描述螺旋线的几何结构；也只有像他这样的机械天才，才能为这不寻常的形状想出一个实际的应用。如果他是在亚历山大求学阶段还是个年轻人时就发明了水螺丝，并如我私心所想一般，后来又将螺旋线的概念改良，应用于无限螺杆之上，那我们一定要在他许多杰出的成就上面，再添加一则小小的，却不尽然是微不足道的荣衔：螺丝之父。

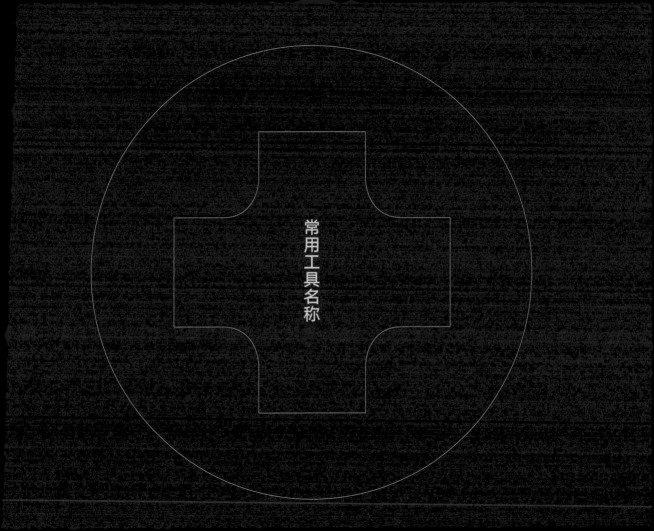
常用工具名称

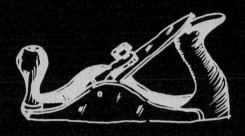

刨子
Plane

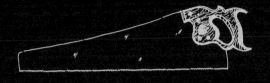

弯背手锯
Skew-back handsaw

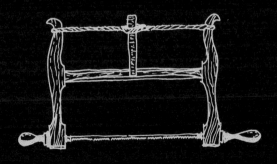

框锯
Frame saw

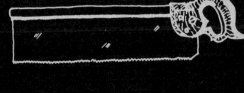

背锯
Backsaw

伦敦式螺丝起子
London pattern screwdrive

苏格兰式螺丝起子
Scotch pattern screwdriver

殡葬业者用螺丝起子
Undertaker's screwdriver

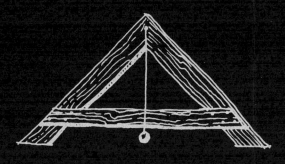

A 字水平仪
A-level

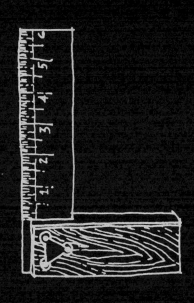

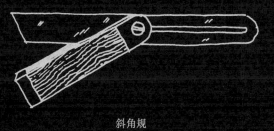

矩尺
Try square

斜角规
Bevel

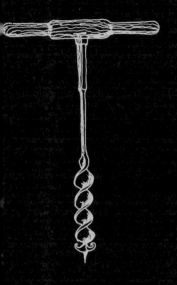

螺旋钻

Spiral bit auger

桶匠用扁斧

Cooper's adze

具黄铜板的木制曲柄木钻

Wooden carpenter's brace with brass plates

绅士用高级螺丝起子

Gent's fancy screwdriver

曲柄木钻

Garpenter's brace

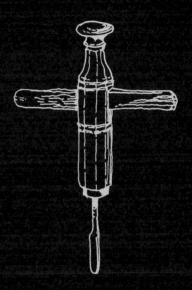

胸压木螺钻

Breast auger

酒精水平仪
Spirit level

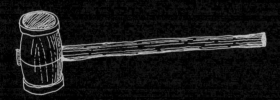

大槌
Maul

组合开箱器
Combination case opener

致谢

　　首先，谢谢希普利开口问了这个问题。关于希腊引文方面，感激宾夕法尼亚大学古典文学研究的主任拉尔夫·罗森（Ralph Rosen）教授的协助。罗伯特·A. 鲁洛夫（Robert A. Ruhloff）很好心地寄给我关于熟铁长钉的资料，其中包括数件有趣的样本。杰米·肯德里克（Jamie Kendrick）、亚当·巴尔齐莱（Adam Barzilay）、玛丽亚·冈萨雷斯（Maria Gonzalez）和刘依婷（Yi-Ting Liu）提供了得力的研究支援。至于令人敬畏的罗伯逊，则有米尔顿历史学会供应资料。宾夕法尼亚大学的费雪艺术图书馆及范佩尔特图书馆，一如惯例地助益良多。我的编辑娜恩·格雷厄姆（Nan Graham），以及我的经纪人卡尔·勃兰特（Carl Brandt），他们和我一样对工具及杂务修补有兴趣，若是没有这两个人的鼓励，我认为这本小书未必能见天日。当然还有内人雪莉·哈勒姆（Shirley Hallam）适时地为我指出正确的方向——一如往常。

写于宾夕法尼亚州栗山镇冰屋

1999 年 10 月

插图出处

第 11 页   *A History of Technology: Vol. II, The Mediterranean Civilizations and the Middle Ages c. 700 B.C. to c. A.D. 1500*, eds. Charles Joseph Singer et al. (New York: Oxford University Press, 1956), 152.

第 27 页   Kenneth D. Roberts, *Some 19th Century English Woodworking Tools: Edge & Joiner Tools and Bit Braces* (Fitzwilliam, N.H.: Ken Roberts Publishing Co., 1980), 234.

第 35 页   *The Various and Ingenious Machines of Agostino Ramelli (1588)*, trans. Martha Teach Gnudi (Baltimore: Johns Hopkins University Press, 1976), plate 129.

第 36 页   *The Various and Ingenious Machines of Agostino Ramelli (1588)*, trans. Martha Teach Gnudi (Baltimore: Johns Hopkins University Press, 1976), plate 188.

第 43 页   *Wapenhandelinghe van Roers, Musquetten end Speissen, Achtervolgende de Ordre van Syn Excellente Maurits, Prince van Orangie... Figuirlyck vutgebeelt door Jacob de Gheyn* (Musket drill devised by Maurice of Orange) (The Hague, 1607); facsimile edition, New York: McGraw-Hill, 1971.

第 46 页   Hugh B. C. Pollard, *Pollard's History of Firearms*, ed. Claude Blair (New York: Macmillan, 1983), 35.

第 49 页   Charles John Ffoulkes, *The Armourer and His Craft: From the XIth to the XVIth Century* (New York: Benjamin Blom, 1967), 55. 由作者重绘。

第 52 页   Charles John Ffoulkes, *The Armourer and His Craft: From the XIth to the XVIth Century* (New York: Benjamin Blom, 1967), plate V. 由作者重绘。

第 65 页   Ken Lamb, *P.L.: Invention of the Robertson Screw* (Milton, Ont.: Milton Historical Society, 1998), 152.

第 74 页   Christoph Graf zu Waldburg Wolfegg, *Venus and Mars: The World of the Medieval Housebook* (Munich: Prestel-Verlag, 1998), 88.

第 81 页   *A History of Technology: Vol. II, The Mediterranean Civilizations and the Middle Ages c. 700 B.C. to c. A.D. 1500*, eds. Charles Joseph Singer et al. (New York: Oxford University Press, 1956), 334.

第 84 页   Robert S. Woodbury, *Studies in the History of Machine Tools* (Cambridge, Mass.: MIT Press, 1972), Fig. 30.

第 98 页   T. K. Derry and Trevor I. Williams, *A Short History of Technology* (New York: Oxford University Press, 1960), 236.

第 103 页   A. G. Drachmann, *Ancient Oil Mills and Presses* (Copenhagen: Levin & Munksgaard, 1932), 159. 由作者重绘。

第 116 页　　Derek J. de Solla Price, "Gears from the Greeks: The Antikythera Mechanism — a Calendar Computer from ca. 80 B.C.," *Transactions of the American Philosophical Society* 64, pt. 7 (November 1974): 37.

第 123 页　　M. H. Morgan, Vitruvius, *The Ten Books on Architecture* (Cambridge, Mass.: Harvard University Press, 1946), 295.

第 87、99、105、106、109 页及"常用工具名称"中的工具图，皆为作者亲绘。

参考书目

第一章　木匠的工具箱

1　Edward Rosen, "The Invention of Eyeglasses: Part I," *Journal of the History of Medicine* (January 1956): 34-35.

2　Ken Kern, *The Owner-Built Home* (Oakhurst, Calif.: Owner-Builder Publications, 1972), 78.

3　W. L. Goodman, *The History of Woodworking Tools* (London: G. Bell & Sons, 1964), 199-201.

4　R. A. Salaman, *Dictionary of Tools: used in the woodworking and allied trades, c. 1700-1970* (London: George Allen & Unwin Ltd., 1975), 299.

5　Lynn White Jr., "Technology and Invention in the Middle Ages," *Speculum* 15 (April 1940): 153.

6　For a dissenting view, see A. G. Drachmann, "The Grank in Graeco-Roman Antiquity," *Changing Perspectives in the History of Science: Essays in Honour of Joseph Needham* (London: Heinemann, 1973), 33-51.

7　Bertrand Gille, "Machines," in Charles Joseph Singer et al., eds., *A History of Technology: Vol. II, The Mediterranean Civilizations and the Middle Ages c. 700 B.C. to c. A.D. 1500* (New York: Oxford University Press, 1957), 651.

8　Bertrand Gille, "The Fifteenth and Sixteenth Centuries in the Western World," in Maurice Dumas, ed., *A History of Technology & Invention: Vol. II, The First Stages of Mechanization*, trans. Eileen B. Hennessy (New York: Crown Publishers, 1969), 23.

9　Graham Hollister-Short, "Cranks and Scholars," *History of Technology* 17 (1995): 223-24.

10　Goodman, *History of Woodworking Tools*, 178.

11　Ibid., 9.

12　"Tools: Later development of hand tools: SCREW-BASED TOOLS: Screwdrivers and wrenches," *Britannica Online*, December 1998.

第二章　螺丝旋转具

1　Peter Nicholson, *Mechanical Exercises: or, the Elements and Practice of Carpentry, Joinery, Bricklaying, Masonry, Slating, Plastering, Painting, Smithing, and Turning* (London: J. Taylor, 1812), 353.

2　Joseph Moxon, *Mechanick Exercises: or, the Doctrine of Handy-Works* (London: J. Moxon, 1693), A5-6.

3   *The Greek Anthology*, trans. W. R. Patton (London: William Heinemann, 1916), 405.

4   "Navigation," *Encyclopaedia Britannica*, vol. 12 (Edinburgh: A. Bell and C. Macfarquhar, 1797), plate 343. The reference is pointed out by Joseph E. Sandford, "Carpenters' Tool Notes," in Henry C. Mercer, *Ancient Carpenters' Tools: Together with Lumbermen's, Joiners' and Cabinet Makers' Tools in Use in the Eighteenth Century* (Doylestown, Pa.: Bucks County Historical Society, 1975), 311.

5   *A Dictionary of American English: on historical principles*, vol. 4 (Chicago: University of Chicago Press, 1944), 2045.

6   R. A. Salaman, *Dictionary of Tools: used in the woodworking and allied trades, c. 1700-1970* (London: George Allen & Unwin Ltd., 1975), 450.

7   Ibid., 499.

8   A. J. Roubo, "L'Art du Menuisier en Meubles," *Description des Arts et Métiers*, vol. 19 (Paris: Académie des Sciences, 1772), 944 (author's translation).

9   *Encyclopédie: ou dictionnaire raisonné des sciences, des arts et des métiers*, vol. 17 (Neuchastel: Samuel Faulche & Co., 1765), 484 (author's translation).

10   Adolphe Hatzfeld and Arsène Darmesteter, *Dictionnaire Général de la Langue Française: du commencement du XVIIe siècle jusqu'à nos jours*, vol.2 (Paris: Librairie Delagrave, 1932), 2171.

11   James M. Gaynor and Nancy L. Hagedorn, *Tools: Working Wood in Eighteenth-Century*

America (Williamsburg, Va.: Colonial Williamsburg Foundation), 11.

12   Linda F. Dyke, *Henry Chapman Mercer: An Annotated Chronology* (Doylestown, Pa.: Bucks County Historical Society, 1989), 11.

13   Kenneth D. Roberts, *Some 19th Century English Woodworking Tools: Edge & Joiner Tools and Bit Braces* (Fitzwilliam, N.H.: Ken Roberts Publishing Co., 1980).

14   See Witold Rybczynski, "One Good Turn," *New York Times Magazine*, April 18, 1999, 133.

第三章　枪机、枪托和枪管

1   Lynn White Jr., "The Act of Invention: Causes, Contexts, Continuities, and Consequences," *Technology and Culture* 3 (fall 1963): 489-500.

2   Martha Teach Gnudi, "Agostino Ramelli and Ambrose Bachot," *Technology and Culture* 15, no. 4 (October 1974): 619.

3   *The Various and Ingenious Machines of Agostino Ramelli (1588)*, trans. Martha Teach Gnudi (Baltimore: Johns Hopkins University Press, 1976), 508.

4   Bert S. Hall, "A Revolving Bookcase by Agostino Ramelli," *Technology and Culture* 11, no. 4 (July 1970): 397.

5   Georgius Agricola, *De Re Metallica*, trans. H. C. Hoover and L. H. Hoover (New York:

Dover Publications,1950), 364.

6　　Christoph Graf zu Waldburg Wolfegg, *Venus and Mars: The World of the Medieval Housebook* (Munich: Prestel-Verlag, 1998), 8.

7　　Hugh B. C. Pollard, *Pollard's History of Firearms*, Claude Blair, ed. (New York: Macmillan, 1983), 29.

8　　John Keegan, *A History of Warfare* (New York: Alfred A. Knopf, 1993), 329.

9　　Fernand Braudel, *The Structures of Everyday Life: Vol. I, The Limits of the Possible*, trans. Siân Reynolds (New York: Harper & Row, 1981), 392.

10　Pollard, *Pollard's History of Firearms*, 55.

11　Ibid., 35.

12　Ibid., 18.

13　Joseph Moxon, *Mechanick Exercises: or, the Doctrine of Handy-Works* (London: J. Moxon, 1693), 33-34.

14　Charles John Ffoulkes, *The Armourer and His Craft: From the XIth to the XVIth Century* (New York: Benjamin Blom, 1967), 55.

15　Claude Blair, *European Armour: circa 1066 to circa 1700* (London: B. T. Batsford Ltd., 1958), 162.

16　Ffoulkes, *Armourer and His Craft*, 24.

17　Ibid., plate V.

第四章　最大的小发明

1　Georgius Agricola, *De Re Metallica*, trans. H. C. Hoover and L. H. Hoover (New York: Dover Publications, 1950), 364.

2　G. H. Baillie, C. Clutton, and C. A. Ilbert, *Britten's Old Clocks and Watches and Their Makers* (New York: E. P. Dutton, 1956), 14.

3　Ibid., 64.

4　Joseph Chamberlain, "Manufacture of Iron Wood Screws," in British Association for the Advancement of Science, Committee on Local Industries, *The Resources, Products, and Industrial History of Birmingham and the Midland Hardware District* (London: R. Hardwicke, 1866), 605-6.

5　Henry C. Mercer, *Ancient Carpenters' Tools: Together with Lumbermen's, Joiners' and Cabinet Makers' Tools in Use in the Eighteenth Century* (Doylestown, Pa.: Bucks County Historical Society, 1975), 259.

6　Quoted by H. W. Dickinson, "Origin and Manufacture of Wood Screws," *Transactions of the Newcomen Society* 22 (1942-42): 80.

7　Ibid., 81.

8　Ibid., 89.

9　Ken Lamb, *P. L.: Inventor of the Robertson Screw* (Milton, Ont.: Milton Historical Society,

1998), 35.

10   Ibid., 16.

11   Henry F. Phillips and Thomas M. Fitzpatrick, "Screw," U.S. patent number 2,046,839, July 7, 1936.

12   American Screw Company to Henry F. Phillips, March 27, 1933.

13   Mead Gliders, Chicago, to American Screw Company, April 26, 1938.

14   Wentling Woodcrafters, Camden, N.J., to American Screw Company, June 15, 1938.

15   "The Phillips Screw Company" (unpublished paper, Phillips Screw Company, Wakefield, Mass.).

16   *Consumer Reports* 60, no. 11 (November 1995): 695.

第五章　精微调整

1   L. T. C. Rolt, *A Short History of Machine Tools* (Cambridge, Mass.: MIT Press, 1965), 59.

2   Robert S. Woodbury, *Studies in the History of Machine Tools* (Cambridge, Mass.: MIT Press, 1972), 20-21.

3   Ibid., 49.

4   Christoph Graf zu Waldburg Wolfegg, *Venus and Mars: The World of the Medieval Housebook* (Munich: Prestel-Verlag, 1998), 88.

5   Jacques Besson, *Theatrum Machinarum* (Lyon: 1578), Plate IX.

6   Charles Plumier, *L'art de tourner* (Lyon: 1701).

7   Maurice Daumas and André Garanger, "Industrial Mechanization," in *A History of Technology & Invention*, Maurice Daumas, ed., trans. Eileen B. Hennessy (New York: Crown Publishers, 1969), 271.

8   James Nasmyth, *James Nasmyth, Engineer: An Autobiography* (London: John Murray, 1885), 136.

9   Ibid., 144.

10   Ibid., 128.

11   L. T. C. Rolt, *Great Engineers* (London: G. Bell and Sons, 1962), 105.

12   Samuel Smiles, *Industrial Biography: Iron-Workers and Tool-Makers* (Boston: Ticknor & Fields, 1864), 282.

第六章　机械天赋

1   Samuel Smiles, *Industrial Biography: Iron-Workers and Tool-Makers* (Boston: Ticknor & Fields, 1864), 337.

2   Ibid., 223.

3   Ibid., 312.

4   Ibid., 204 (author's translation).

5   W. L. Goodman, *The History of Woodworking Tools* (London: G. Bell & Sons, 1964), 105.

6   Vitruvius, *The Ten Books on Architecture*, trans. Morris Hicky Morgan (New York: Dover
     Publications, 1960), 184.

7   A. G. Drachmann, "Ancient Oil Mills and Presses," *Kgl. Danske Videnskabernes Selskab,
     Archaeologisk-kunsthistoriske Meddelelser* 1, no.1 (1932) : 73.

8   Ibid., 76.

9   Bertrand Gille, "Machines," in *A History of Technology*, vol. 2, Charles Joseph Singer et
     al., eds. (New York: Oxford University Press, 1957), 631-32.

10   John James Hall, "The Evolution of the Screw: Its Theory and Practical Application,"
     Horological Journal, July 1929, 269-70.

11   Quoted in John W. Humphrey et al., *Greek and Roman Technology: A Sourcebook* (London:
     Routledge, 1998), 56.

12   A. G. Drachmann, "Heron's Screwcutter," *Journal of Hellenic Studies* 56 (1936): 72-77.

13   Quoted in Humphrey et al., *Greek and Roman Technology*, 56.

14   Quoted in Hall, "Evolution of the Screw: Its Theory and Practical Application,"
     Horological Journal, August 1929: 285.

15   Vitruvius, *Ten Books*, 285.

16   Henry C. Mercer, *Ancient Carpenters' Tools: Together with Lumbermen's, Joiners' and*

Cabinet Makers' Tools in Use in the Eighteenth Century (Doylestown, Pa.: Bucks County Historical Society, 1975), 275.

第七章 螺丝之父

1   Derek J. de Solla Price, "Gears from the Greeks: The Antikythera Mechanism — a Calendar Computer from ca. 80 B.C.," *Transactions of the American Philosophical Society* 64, pt.7 (November 1974): 51.

2   Derek J. de Solla Price, "Clockwork Before the Clock," *Horological Journal* (December 1955): 810-14.

3   Derek J. de Solla Price, "An Ancient Greek Computer," *Scientific American*, June 1959, 60-67.

4   Ibid., 66.

5   Ibid., 67.

6   Quoted in John W. Humphrey et al., *Greek and Roman Technology: A Sourcebook* (London: Routledge, 1998), 57-58.

7   Claudius Claudianus, *Shorter Poems* 51, in Humphrey et al., *Greek and Roman Technology*, 58.

8   Quoted in *The Works of Archimedes*, T. L. Heath, ed. (New York: Dover Publications,

1953), xviii.

9   Vitruvius, *The Ten Books on Architecture,* trans. Morris Hicky Morgan (New York: Dover Publications, 1960), 254.

10   Quoted in E. J. Dijksterhuis, *Archimedes*, trans. C. Dikshoorn (Copenhagen: Ejnar Munksgaard, 1956), 13.

11   *New York Times*, November 11, 1973.

12   Quoted in D. L. Simms, "Archimedes' Weapons of War and Leonardo," *British Journal of the History of Science* 21 (1988): 196.

13   *The Times*, May 15, 1981.

14   Quoted in A. G. Drachmann, "How Archimedes Expected to Move the Earth," *Centaurus* 5, no. 3-4 (1958): 278.

15   Quoted in Dijksterhuis, *Archimedes*, 15.

16   Drachmann, "How Archimedes Expected to Move the Earth," 280-81.

17   R. J. Forbes, "Hydraulic Engineering and Sanitation," *A History of Technology*, vol. 2, Charles Joseph Singer et al., eds. (New York: Oxford University Press, 1957), 677; A. G. Drachmann, *The Mechanical Technology of Greek and Roman Antiquity* (Copenhagen: Munksgaard, 1963), 204.

18   Quoted in A. G. Drachmann, "The Screw of Archimedes," *Actes de VIIIᵉ Congrès International d'Histoire des Sciences, Florence-Milan, 3-9 septembre 1956*, vol. 3

(Florence: Vinci, 1958), 940-41.

19 John Peter Oleson, *Greek and Roman Mechanical Water-Lifting Devices: The History of Technology* (Toronto: University of Toronto, 1984), 297, 365.

20 Humphrey et al., *Greek and Roman Technology*, 317.

21 William Giles Nash, *The Rio Tinto Mine: Its History and Romance* (London: Simpkin Marshall Hamilton Kent & Co., 1904), 35.

22 Diodorus Siculus, *The Historical Library of Diodorus the Sicilian; in Fifteen Books*, trans. G. Booth (London: W. M'Dowall for J. Davis, 1814).

23 See Drachmann, *Mechanical Technology*, 154.

24 Vitruvius, *Ten Books*, 297.

25 Joseph Needham and Wang Ling, *Science and Civilization in China, Introductory Orientations* (New York: Cambridge University Press, 1954), 241.

中英对照

人名

阿尔库塔斯　Archytas of Terentum

阿格里科拉　Georgius Agricola

阿忒那奥斯　Athenaeus

安德烈亚斯　Andreas

奥维德　Ovid

巴比奇　Charles Babbage

巴塔伊　E. M. Bataille

鲍尔　Georg Bauer

贝松　Jacques Besson

布喇马　Joseph Bramah

布鲁内尔　Marc Isambard Brunel

怀特　Lynn White Jr.

怀亚特兄弟　Job and William Wyatt

惠普尔　Cullen Whipple

惠特沃思　Joseph Whitworth

加卢斯　Gallus

康平　Robert Campin

克恩　Ken Kern

克莱门　Joseph Clement

克劳迪安　Claudianus

肯尼思·罗伯茨　Kenneth Roberts

库克船长　Captain Cook

拉梅利　Agostino Ramelli

拉姆斯登　Jesse Ramsden

赖特　Frank Lloyd Wright

李维　Livy

理查德·罗伯茨　Richard Roberts

鲁博　André Jacob Roubo

罗伯逊　Peter L. Robertson

罗杰斯　Charles D. Rogers

马里尼亚诺侯爵　Marquis of Marigano

马普尔斯　William Marples

马塞勒斯　Marcellus

莫克森　Joseph Moxon

莫里斯　William Morris

莫兹利　Henry Maudslay

默瑟　Henry C. Mercer

尼科尔森　Peter Nicholson

诺顿　Charles Eliot Norton

欧斯塔修斯　Eustathius

帕普斯　Pappus of Alexandria

佩尔格的阿波罗尼奥斯　Apollonius of Perge

佩皮斯　Samuel Pepys

亚历山大·内史密斯　Alexander Nasmyth

伊桑巴德·金德姆·布鲁内尔　Isambard Kingdom Brunel

伊莎贝拉·斯图尔特·加德纳　Isabella Stewart Gardner

约瑟夫斯　Josephus

詹姆斯·内史密斯　James Nasmyth

地名及机构名

安提基特拉　Antikythera

巴克斯郡　Bucks County

宾夕法尼亚大学　University of Pennsylvania

宾夕法尼亚艺术学院　Pennsylvania Academy of the Fine Arts

波恩省立博物馆　Provincial Museum of Bonn

勃艮第　Burgundy

德累斯顿　Dresden

多伊尔斯敦　Doylestown

法兰西学院　Académie Française

方特丘　Fonthill

文献、作品

中英
对照

157

其他

阿基米德小盒　Loculus Archimedius

艾文霍　Ivanhoe

拔塞钻　corkscrew

扁斧眼锤　adze-eye hammer

穿孔针　piercer

第二次布匿战争　the Second Punic War

菲利普斯螺丝　Phillips screw

费雪车身公司　Fisher Body Company

鼓形水车　tympanum

哈马赫·施莱默　Hammacher Schlemmer

胡格诺教徒　Huguenots

加里亚格拉　galeagra

克里希马德礼剑　colchimarde

里贝拉　libella

里滕豪斯俱乐部　Rittenhouse Club

螺丝旋转具　turnscrew

马上长矛比武　jousting

美国螺丝公司　American Screw Company

门叟　mensor aedificorum

摩拉维亚陶坊砖场　Moravian Pottery and Tile Works

沛彻诺　petronel

嵌槽　rabbet

瑞古拉　regula

三饼滑车　trispast

司令官　the Commander

斯塔德　stadium

塔伦　talent

泰洛丝　tylos

天主教联盟　Catholic League

伟大西方号　Great Western

伟大西方铁道　Great Western Railway

乌龟　tortoise

新英格兰螺丝公司　New England Screw Company

伊特鲁里亚　Etruria

长矛冲刺　tilting

指宽　digiti